中宣部文化名家暨"四个一批"人才资助项目

河北省数字治理与协同治理研究基地学术成果

河北大学社科重大培育项目"政府数据与社会数据融合治理体系研究"

（项目编号：2023HPY003）

INTRODUCTION TO

数据管理导论

DATA MANAGEMENT

陈兰杰　侯鹏娟　王洁　等　编著

社会科学文献出版社

SOCIAL SCIENCES ACADEMIC PRESS (CHINA)

序　言

在信息化与数字化浪潮席卷全球的今天，数据已成为新时代的"石油"，是经济社会发展的重要资源和核心驱动力。从个人日常生活的点滴记录，到企业运营的核心资产，再到国家治理的战略资源，数据无处不在，其价值日益凸显。然而，数据的海量增长与广泛应用也带来了前所未有的挑战，如何高效、安全、合规地管理数据，成为摆在我们面前的一项紧迫任务。正是在这样的背景下，《数据管理导论》应运而生。本书旨在为初学者、专业人士以及广大数据工作者提供一本系统、全面、实用的数据管理入门教材。

数据管理的核心在于通过一系列策略、流程和技术手段，确保数据的完整性、准确性、安全性、可用性和合规性，从而使数据的价值最大化。在数字经济时代，数据不仅是决策的依据，更是创新的动力。良好的数据管理能够促进信息的流通与共享，加速知识的创新与转化，推动产业的转型升级，提升社会治理的效能。反之，数据管理不善可能导致信息孤岛、数据泄露、隐私侵犯等一系列问题，严重影响个人权益、企业利益乃至国家安全。

本书大纲和写作思路由陈兰杰确定，全书分为三篇，共13章，全面而深入地探讨了数据管理的理论与实践。

上篇：介绍数据管理的基本理论。该篇是全书的基础，旨在为读者构建起数据管理的基本框架和理论支撑。第1章和第2章分别介绍了数据的内涵、类型、价值以及数据管理的含义、目标与意义等，为后续章节的学习打下坚实基础。第3章则深入探讨了数据管理的理论基础，包括公共物品理论、价值共创理论、生产要素理论、生命周期理论和资源配置理论，这些理论为理解数据管理的本质和规律提供了重要的视角和方法。第4章和第5章则聚焦数据生命周期管理和数据质量管理，详细阐述了从数据生

产到数据利用的全过程管理，以及提升数据质量的方法和策略，这些都是数据管理实践中不可或缺的关键环节。

中篇：讨论数据管理的体制机制。该篇着重探讨了数据管理的体制机制建设，这是数据管理有效实施的重要保障。第6章从法规层面出发，阐述了数据合规的含义、主要内容和相关法规，强调了数据管理的法律边界和合规要求。第7章则从文化层面入手，探讨了数据治理文化的内涵、理论基础、特征、主要功能和分类，强调了人在数据管理中的重要性。这两章内容相互补充，共同构成了数据管理体制机制的核心要素。

下篇：关于数据管理的应用。该篇是全书的重点，详细介绍了数据管理在不同领域的应用实践。第8章至第10章分别探讨了企业数据管理、公共数据管理和个人数据管理，这些领域是数据管理较为活跃和重要的"战场"，涵盖了从营利性组织到非营利性组织再到个人的全方位数据管理需求。第11章从宏观角度审视了数据作为新兴产业的崛起和发展趋势，为读者提供了把握数据产业发展脉搏的窗口。第12章深入探讨了可信数据空间与数据服务，为数据的高效利用提供了新的思路。第13章从数据跨境流动的定义、范畴、驱动因素、面临的挑战与风险、治理逻辑等方面全面剖析了数据跨境流动的复杂性和风险应对策略。

各章节具体分工如下：第1章、第7章（陈兰杰、王洁，河北大学），第2章（张丹丹，邯郸学院），第3章（侯鹏娟，河北大学），第4章（宋欣宇，河北大学），第5章（王鑫瑶，中国科学院大学），第6章（张丹丹，中国科学院大学），第8章（刘思耘，河北大学），第9章（白思帆，河北大学），第10章（钱文娜，河北大学），第11章（马临格，河北大学），第12章（赵紫博，河北大学），第13章（李金蕊，河北大学）。

《数据管理导论》既可作为信息资源管理、公共管理等专业本科生、研究生的系统学习教材，为他们的专业学习提供全面而深入的知识体系；也可作为各类数据管理培训的参考教材，为数据管理人才的培养提供有力的支持。同时，本书还适合广大数据工作者自学使用，无论你是数据管理员、数据分析师、数据科学家，还是对数据管理感兴趣的普通读者，都能从本书中受益匪浅。

本书的价值在于其系统性、实用性和前瞻性。系统性体现为它全面覆盖了数据管理的各个方面，从理论到实践，从体制到应用，构建了一个完整的知识体系。实用性体现为它紧密结合了数据管理的实际需求,提供了大量可操作的方法和策略,帮助读者解决实际问题。前瞻性体现为它紧跟数据管理的最新发展趋势,探讨了数据跨境流动、可信数据空间等前沿话题,为读者提供了前瞻性的思考和启示。

在数据成为生产要素的今天,数据管理的重要性不言而喻。我们希望通过《数据管理导论》这本书,帮助读者建立起对数据管理的全面认识,掌握数据管理的基本知识和技能,为未来的职业发展和社会实践打下坚实的基础。同时,我们期待本书能够激发更多人对数据管理的兴趣和热情,共同推动数据管理领域的创新发展,为构建数字中国贡献力量。

最后,我们要感谢所有为本书撰写、编辑和出版付出辛勤努力的同人们,是你们的智慧和汗水成就了这本书。我们相信,《数据管理导论》将为数据管理的理论与实践贡献一份力量。

陈兰杰

2025 年 3 月

目 录
CONTENTS

［上 篇］

1 认识数据

数据（data）最能直观体现事物事件的变化与特性，随着现代数字技术的发展，数据的定义变得更加宽泛，包括数字、文本、图像、音频和视频等多种形式，并且数据量也随着信息技术的进步呈指数级增长。开展高效的数据管理，需要对数据的内涵、类型、价值等有清晰的认识。

1.1 数据的内涵

目前，人们对"数据"尚无权威统一的定义。

2024 年 10 月，国家数据局就《数据领域名词解释》公开征求意见[1]，其中给出数据的定义为"数据是指任何以电子或其他方式对信息的记录。数据在不同视角下表现为原始数据、衍生数据、数据资源、数据产品、数据资产、数据要素等形式"。在这个定义中，原始数据是指初次或源头收集的未经加工处理的数据。数据资源是指具有使用价值的数据，是可供人类利用的新型资源。数据要素是指能直接投入生产和服务过程的数据，是用于创造经济或社会价值的新型生产要素。数据产品是指基于数据加工形成的可满足特定需求的数据加工品和数据服务。数据资产是指特定主体合法拥有或者控制、能进行货币计量且能带来直接或间接经济利益的数据资源。

《〈数据管理能力成熟度评估模型〉实施指南》一书指出，数据是指对客观事件进行记录并可以鉴别的符号，是对客观事物的性质、状态以及相

---

[1] 《国家数据局发布 41 个数据领域名词官方解释（征求意见）》，"西安大数据"微信公众号，2024 年 10 月 22 日，https://mp.weixin.qq.com/s/Z6gq6R6hJcLAyltGeMTf6Q。

互关系等进行记载的物理符号或这些物理符号的组合[1]。

"数据"这个概念在我国古代并没有明确的出处。它是随着现代技术的发展逐渐出现并发生改变的，一般认为数据最初偏重"数"（也就是说早期的数据主要是指数值型数据），而现在偏重"据"（也就是说现在的数据是对事物的全记录）。

在现代意义上，"数据"一词随着统计学的发展以及后来计算机科学的兴起变得更加具体化和技术化。到了 20 世纪，随着计算机技术的发展，数据的定义变得更加宽泛，特别是进入 21 世纪以来，随着互联网、移动技术和物联网的发展，数据的产生速度和规模都达到了前所未有的程度，也为我们积累了更多维度、细粒度，以及来自不同视角的数据。因此，我们可以认为数据是事实或观察的结果，它是可识别的、抽象的符号，也就是对客观事物的逻辑归纳，是用于表示客观事物的未经加工的原始素材。

广义上来讲，数据还可以是具有一定意义的文字、字母、数字符号的组合，也能以图形、图像、视频、音频等的形式存在，也就是说数据是客观事物的属性、数量、位置及其相互关系的抽象表示。例如，"0、1、2……""阴、雨、下降、气温""学生的档案记录、货物的运输情况"等表示形式的内容都是数据。

数据与信息、知识、智慧联系紧密。人们对数据进行加工形成信息，对信息进行综合提炼和总结形成知识，再通过对知识的合理应用形成智慧。数据与信息、知识、智慧形成了一种"金字塔形"的层次体系，即 DIKW 体系模型（见图 1-1）。通过 DIKW 体系模型可以看到，数据、信息、知识与智慧之间既有联系又有区别。数据是被记录下来的可以被鉴别的符号，是原始素材，未被加工解释，没有回答特定的问题，没有任何意义。信息是已经被处理、具有逻辑关系的数据，也是对数据的解释，对其接收者具有意义。知识是从相关信息中过滤、提炼及加工而得到的有用资料；在特殊背景或语境下，知识将数据和信息的价值与其在实践中的应用建立起关联，体现了信息的本质、原则和经验；此外，知识基于推理和分析，还可能产生新的知识。智慧是人类所表现出的一种独有的能力，主要表现

---

① 中国电子信息行业联合会编著《〈数据管理能力成熟度评估模型〉实施指南》，电子工业出版社，2023。

为收集、加工、应用、传播知识的能力，以及对事物发展的前瞻性看法。

智慧
推断未来发生的相关性，指导行动

知识
需要洞察力和理解力进行学习，完成当下任务

信息
加工后有逻辑关系的数据

数据
通过原始观察及量度获得了数据

图 1-1　DIKW 体系模型

资料来源：J. Rowley，"The Wisdom Hierarchy：Representations of the DIKW Hierarchy，" *Journal of Information Science*（2007）.

在组织中，数据始终需要被管理，几乎每个业务流程都使用数据，这些流程同时产生数据。大多数数据是电子形式的，也就是说它们可以被拓展。

此外，从经济学角度看，数据被归为信息的一类[①]，数据被广泛认为是资产。Farboodi 等将数据视为一种类似于资本的生产要素[②]。李勇坚认为数据本质上是一种具有非竞争性和部分可排他性的、需要与其他资源协同发挥生产力促进作用、规模收益不确定的生产要素[③]。资产是一种经济资源，可以被拥有、使用并产生价值，可以被大量存储、操作、集成和聚合，而后用于不同领域，包括商务智能和预测分析。但是数据和其他资产不同，真正将数据以资产形式进行管理的组织还比较少，甚至对于一些小型组织而言，数据可能是一种负担，因为无法管理数据就相当于无法管理资产。这会导致公司企业等组织浪费资源，失去市场机会。管理不善的数据还可能存在道德风险和安全风险。

---

① C. Jones，C. Tonetti，"Nonrivalry and the Economics of Data，" *American Economic Review* 9（2020）.

② M. Farboodi，L. Veldkamp，*A Growth Model of the Data Economy*（Columbia Business School，New York，2019）.

③ 李勇坚：《数据要素的经济学含义及相关政策建议》，《江西社会科学》2022 年第 3 期。

从法学的视角来看，欧盟的《数字市场法提案》（*Proposal for a Digital Markets Act*）将数据定义为"行为、事实或信息的数字表现以及任何此类行为、事实或信息的汇编，包括以声音、视觉、视听记录的形式"。还有研究指出，数据包括了符号层的数据和内容层的信息，前者指数据本身，后者指数据所包含的信息内容①。

1.2　数据的类型

数据资源的广泛性决定其类型必然复杂多样，这与数据的产生和组织形式有关。不同的数据资源类型包含的数据内容和应用场景各异，承载了各行各业的信息，可谓包罗万象，可以从不同角度进行划分。数据分类是帮助人们理解数据的一个重要途径，有利于更好地管理和使用数据。常见的数据分类方式有下面几种。

1.2.1　根据数据的结构化程度

从数据的结构化程度看，可以分为结构化数据、半结构化数据和非结构化数据 3 种，如表 1-1 所示。在数据思维中，数据的结构化程度对于数据管理方法的选择具有重要影响。例如，结构化数据的管理可以采用传统关系型数据库，而非结构化数据的管理往往采用 NoSQL、NewSQL 或关系云技术。简单来说，结构化数据能用表格来表示，非结构化数据不能用表格来表示。

表 1-1　结构化数据、半结构化数据与非结构化数据的含义、本质及举例

类型	含义	本质	举例
结构化数据	直接可以用传统关系型数据库存储和管理等的数据	先有结构，后有数据	传统关系型数据库中的数据
半结构化数据	经过一定转换处理后可以用传统关系型数据库存储和管理的数据	先有数据，后有结构（或较容易发现其结构）	HTML、XML 文件

---

① 　纪海龙：《数据的私法定位与保护》，《法学研究》2018 年第 6 期。

类型	含义	本质	举例
非结构化数据	无法用传统关系型数据库存储和管理的数据	没有（或难以发现）统一结构的数据	语音、图像文件等

注：一个传统关系型数据库是包含预先定义的种类之内的一组表格（有时被称为一个关系），每个表格包含用列表示的一个或更多的数据种类，每行包含唯一的数据实体，这些数据是被列定义的种类。

资料来源：笔者自制。

结构化数据：以"先有结构，后有数据"的方式生成的数据。通常人们所说的结构化数据主要指的是在传统关系型数据库中获取、存储、计算和管理的数据，表现为二维形式。在传统关系型数据库中，需要先定义数据结构（如表结构、字段的定义等），然后严格按照预定义结构获取、存储、计算和管理数据。这类数据以行为单位，一行信息描述一个实体，每一列数据的属性是相同的。常见的结构化数据包括政府行政审批记录、公司财务报表、医疗信息系统（Hospital Information System，HIS）数据等。

半结构化数据：介于结构化数据和非结构化数据之间的数据。在组织形式上，半结构化数据具有一定的结构性，类似于结构化数据，但不完全遵循传统关系型数据库或数据表的存储模型结构，介于完全结构化和完全非结构化之间。半结构化数据的格式更为灵活，它包含相关标记，用来分隔语义元素以及对记录和字段进行分层，可以选择性地表达有用的信息，也可以记录自身的元信息，记录与记录之间的标记不必完全一致。常见的半结构化数据包括邮件，日志文件，报表，HTML、XML 文件等，结构和内容耦合度高，进行转换处理后可发现结构。

非结构化数据：非结构化数据是指不遵循统一或固定的结构或模型的数据，它没有预定义的数据模型，二维表无法对资源信息进行完整表达。这类数据由于组织形式和标准多样，不易被直接处理、查询或分析。许多问题无法通过结构化数据进行解答，研究者和专家遂将关注点转移至非结构化数据上以寻求答案。非结构化数据的数量和增速日益提升，常见的非结构化数据包括政府和企业的年度报告、图像和音频/视频资料等。

1.2.2　根据数据的抽象或封装程度

从数据的抽象或封装程度看，可将数据分为数据、元数据和数据对象

3 个层次，如图 1-2 所示。在数据思维中，数据的抽象或封装程度对于数据处理方法的选择具有重要影响，如是否需要重新定义一个数据对象（类型）或将已有数据封装成数据对象。

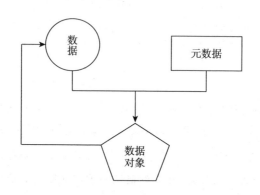

图 1-2　根据数据的抽象或封装程度划分的数据层次
资料来源：笔者自制。

数据：是将客观事物或现象直接记录下来的产物。

元数据：描述数据的数据，对数据及信息资源的描述性信息。其使用目的在于识别与评价资源，追踪资源在使用过程中的变化，实现对信息资源的有效发现、查找、一体化组织及对使用资源的有效管理。例如，在图书情报领域被广泛应用的都柏林核心（Dublin Core）元数据（简称 DC 元数据）有效描述了数字化信息资源的基本特征及相互关系。

数据对象：对数据内容及其元数据进行封装或关联后得到的更高层次的数据集。数据对象必须由软件理解的复合信息表示。数据对象可能是实体、事件、角色、组织、地点或结构等。例如，可以把《数据管理导论》的内容、参考资料等与课程相关的数据封装成一个数据对象。

1.2.3　根据数据是否为数值型

根据数据是否为数值型，可以将数据分为定性数据和定量数据。当我们提到数据时，脑海中出现的数据是确定的数值还是非数值？根据这样的判定，就有了数据的两个基本类型：定性数据和定量数据[①]。

定性数据：主要指对现象的文字描述，如描述性别、血型、兴趣爱

---

① 郑霞、张晖编著《文化遗产数据统计与分析》，文物出版社，2022。

好、图书馆的类型、古籍文物的完整程度等。

定量数据：不同于定性数据，定量数据的特征非常明显，即有数值，描述事物的数量或尺度特征，如图书馆每天的入馆人数、某件文物的高度等。

在很多研究中，定性数据和定量数据会同时存在。以图书馆的用户研究为例，我们需要了解用户的性别、年龄、职业、入馆时长、阅读时长、满意度等，这些信息既涉及定性数据，也涉及定量数据。

1.2.4　根据定量数据的取值情况

根据定量数据的取值情况，可以将数据分为离散数据和连续数据[①]，两种类型的差异在于数值是否连续。

连续数据（continuous data）：在一定区间内可以任意取值的数据。如果在一定区间内，数据可以任意取值，数值是连续不断的，且相邻两个数值之间还可以无限划分而取无限个数值，则是连续数据，如等候时长、道路长度等。连续数据的数值一般用测量方法获得，如称体重、计时器计时和测温度等。更为直观的想法是，连续数据在表示区间微小差异时的数值基本是小数，小数点后的位数是无限的，虽然它具有非常精准的表征能力，但我们无法将所有数值一一列举。

离散数据（discrete data）：在一定区间内取值个数有限或可列的数据。离散数据的数值一般通过计数的方式获得，如统计缺勤人数和清点账本等。离散数据的特点在于不连续，在一定区间内只能取有限的数值，相邻两个数值之间不可再划分，数值一般用整数表示，因此任何两个数值之间的数值个数是有限的。日常生活中的离散数据有库存量、班级数、生产的设备数、出勤人数等。

1.2.5　根据数据收集的方法

数据收集的方法通常是划分数据类型的依据。最常见的是将数据划分为观测数据和实验数据两种类型[②]。

---

① 郑霞、张晖编著《文化遗产数据统计与分析》，文物出版社，2022。
② 郑霞、张晖编著《文化遗产数据统计与分析》，文物出版社，2022。

观测数据（observed data）：也称原始数据，通常是指通过观测和调查等手段收集的数据，如通过问卷调查、访谈等方法获得的数据。这类数据是在没有对事物进行人为控制的条件下得到的，如洞窟里每个时刻的二氧化碳浓度、博物馆年度参观量、某位观众自由参观展览时的眼动轨迹数据等。

实验数据（experimental data）：通过实验手段获得的数据。通常需要控制实验对象以及所处的实验环境而进行数据收集，如信息行为实验数据，古籍、文物保护实验数据，微痕分析实验数据等。

在大的学科方面，不论是人文科学、社会科学还是自然科学，都会存在观测数据和实验数据，两种类型的数据分别服务不同目的或不同阶段的研究。就文物保护而言，既需要大范围、长时间的观测以获得数据，来了解文物的腐蚀与损坏状况，也需要通过实验获得某种保护材料的性能信息，以了解保护材料的运用会如何改变文物本体的性质，会对文物本体产生哪些有利或不利的影响。

1.2.6　根据数据所属领域

数据资源存在于发展中的社会的每个角落，在不同的领域产生而又协同服务社会的发展。按领域来分，数据资源主要分为城市数据资源、行业数据资源、科技数据资源和其他数据资源[①]。

城市数据资源：是指在城市建设和发展中形成的数据资源，与网上呈现的大量数据信息相比，城市数据资源对于智慧城市的发展更为重要，且应用价值更大，它涵盖了城市建设、环境、企业、教育、医疗卫生、食品、文化等多个方面，包括政府决策数据、公共服务数据、城市运行数据等。随着基础设施建设和电子政务的推进，城市数据资源的管理和应用趋向智能化、多元化，政府对城市数据资源的管理和开发具有主导作用，同时需要技术和市场的合作，才能集聚全方位的信息，构建完整的城市数据资源库。

行业数据资源：数据资源以行业为落脚点，由行业中来，又应用到行业中去，按行业对数据资源进行划分，主要包括教育数据资源、交通运输

---

① 杭州市数据资源管理局等编著《数据资源管理》，浙江大学出版社，2020。

数据资源、金融数据资源、农业数据资源、能源和环境数据资源、旅游数据资源、测绘数据资源、财政数据资源、就业及社会保障数据资源、对外经济贸易数据资源、卫生和社会服务数据资源、文化和体育数据资源等多种类型。不同类型的数据内容有所交叉，共同维持多行业联合支撑的社会机器的运转。

科技数据资源：是指科技生产者、科技经营者、科技消费者在实践过程中所产生的，与科技产品或科技服务的创造生产、推广传播、市场运营、最终消费过程相关的，以原生数据及次生数据形式保存下来的图片、文本（包括文字、实验报告、数字和图表）、影像、声音等文件资料的总称。而从应用的角度来看，科技数据资源是针对科技行业海量数据的计算处理需求应运而生的一套新的数据架构理论、方法和技术的统称。科技数据资源生成渠道广泛，具有显著的碎片化特性，价值延展性和复合性较强。随着科技数据资源的积淀与海量数据思维模式的成熟，应用知识挖掘、信息处理等关键技术，科技产业在生产、传播、服务、消费等产业链环节中将逐渐形成新的发展模式，数据资源在优化资源配置、整合科技信息、推动科技传播、促进科技创新、形成生产导向与挖掘商业需求等方面的价值也将上升到一个新的高度。科技数据资源将被视作最重要的社会资产形式，并且在新的社会经济运行体系中占据非常重要的位置。

其他数据资源：数据资源不仅包含城市数据资源、行业数据资源和科技数据资源，还有娱乐数据资源、网络数据资源以及个人产生的行为数据资源等其他领域的各类数据资源，统称为其他数据资源。

1.2.7 根据数据的产权划分

数据具有产权，产权决定了数据资源的所属方，不同的所属方都可对数据进行使用、处置和交易。按产权来分，数据可分为公共数据、企业数据和个人数据。

（1）公共数据

公共数据是指国家机关、法律法规授权的具有管理公共事务职能的组织以及公共服务运营单位在依法履行职责或者提供公共服务过程中收集、产生的数据。这些数据包括政务数据和公共服务数据，政务数据由国家机关和具有管理公共事务职能的组织生成，而公共服务数据是由供水、供

电、供气、公共交通等公共服务运营单位在提供服务的过程中生成的。据统计，全社会80%的数据资源掌握在政府及相关公共部门手中①。

公共数据具有多源性、权威性、排他性、价值性和敏感性等特征。多源性意味着公共数据有多个不同的来源；权威性指公共数据通常由政府或公共服务机构产生，具有较高的可信度；排他性表明公共数据在特定情况下可能受到保护，不易被公众获取；价值性反映了公共数据在经济和社会发展中的重要作用；敏感性则强调了公共数据可能包含个人隐私或国家安全信息，需要妥善管理和保护。

公共数据在推动数字经济发展、政府决策科学化、社会治理精准化和公共服务高效化方面发挥着重要作用。开放共享公共数据，可以促进数据资源的有效利用和创新应用，推动政府决策的科学化和社会治理的精准化。同时，公共数据的开发开放还可以促进大数据、人工智能等新兴技术的发展和应用，为经济社会发展注入新的动力。例如，人脸识别技术已经在安防领域发挥越来越重要的作用，在破获涉毒、盗窃、抢劫、拐卖等各类案件中都有出色表现。中国"天网工程"依靠动态人脸识别技术，能够准确识别超过40种人脸特征，可实现每秒比对30亿次。动态人脸识别技术的准确率也非常高，已经达到99.8%以上。中国"天网工程"是公共数据（政府数据）的一个典型应用②。

（2）企业数据

企业在运转过程中伴随大量数据的产生，包括企业业务、经营管理、市场交易、行业信息以及客户行为或特征等方面的数据内容，如支付宝中的转账记录和消费数据，滴滴打车中的行程信息和支付信息等，都属于企业数据。企业数据的产权方为企业自身。由于企业数据中包含客户个人信息，这对安全和隐私保护提出了法律和技术上的要求。企业数据的挖掘仍需政策的正确引导，以推动数据资源的开放和应用。

（3）个人数据

家庭是社会的细胞，人是家庭的组成部分，个人和家庭是社会的基础

---

① 《李克强：中国超80%的数据在政府手中，政府应共享》，中华网，2016年5月25日，https://news.china.com/domesticgd/10000159/20160525/22734157.html。

② 《中国"天网工程"可实现每秒比对30亿人次，两年抓获上万逃犯》，凤凰网，2018年3月31日，https://ishare.ifeng.com/c/s/7gZEsa3gShd。

单位。社会数据的产权方包含家庭和个人。家庭数据以家庭为单位，为家庭所属，包含家庭成员资料、设备、资产、社交关系、家庭活动等。个人数据则为个人所属，如个人的户籍信息、收入、文化程度、健康状况、移动轨迹、消费和其他经济活动、行为习惯等。

1.3　数据的价值

1.3.1　数据基本价值

随着数字化时代的到来，数据已经成为重要资产，要正确认识数据的价值，首先需要树立正确的数据观念：数据不是万能的，但没有数据却是万万不能的。数据的价值具有高度的领域依赖性，数据在各个领域发挥作用的形式各不相同。根据应用领域的不同，数据的价值类型大体上可以分为 3 类，分别是经济价值、社会价值和政治价值。

（1）数据的经济价值

数据的经济价值主要体现为商业价值和创新价值。一方面，数据对于企业来说具有重要的商业价值。企业可以通过分析客户数据、市场数据和运营数据等，了解市场需求、消费者行为和竞争对手情况，从而制定更加精准的营销策略和产品方案，提高企业的竞争力和市场份额。此外，企业还可以通过数据分析优化生产流程、降低成本、提高效率，实现可持续发展。另一方面，数据是推动创新的重要因素。通过对大量数据的分析和挖掘，企业可以发现新的商业机会和创新点，开发出更加符合市场需求的产品和服务。对企业而言，应该充分认识到数据在决策中的作用，并将其作为决策的重要依据。同时，企业还应该明确数据的来源和可靠性，避免数据的不准确或不完整导致决策失误。另外，数据可以促进科学研究和技术创新，推动社会的进步和发展。

（2）数据的社会价值

数据的社会价值主要包含公共服务和社会治理两个方面。数据可以为政府提供更加精准的公共服务。政府可以通过分析人口数据、交通运输数据和环境数据等，了解社会发展状况和民生需求，制定更加科学合理的政

策和规划，提高公共服务的质量和效率。数据还可以为社会治理提供重要的支持。政府可以通过大数据分析和人工智能技术，实现对社会治安、公共安全和环境保护等领域的实时监测和预警，提高社会治理的智能化水平。

从数据应用层面可以具体看出数据不同的社会价值，体现在以下几方面。

数据改善政府服务。政府可以利用数据来改善公共服务和管理。例如，交通运输部门可以利用实时交通运输数据来优化交通信号灯的设置，减少交通拥堵。此外，政府还可以利用数据来监测环境质量、预测自然灾害等，从而更好地保障公众的安全和健康。

数据促进科技创新。在科学研究领域，数据的价值不可忽视。例如，基因组学研究需要大量的基因数据来揭示生物的遗传奥秘；天文学研究需要大量的天文观测数据来探索宇宙的奥秘。此外，数据还可以促进技术创新，如人工智能技术的发展离不开大量的数据支持。

数据赋能医疗保健。数据在医疗保健领域发挥着重要的作用。通过分析医疗数据，医生可以更好地了解患者的病史、疾病发展趋势和治疗效果，从而提供更加个性化的医疗服务。例如，基因测序技术可以帮助医生更好地了解患者的基因信息，从而为患者提供更准确的诊断和治疗方案。此外，医疗数据还可以帮助研究人员开发新的药物和治疗方法，提高医疗水平。

数据优化交通运输。在交通运输领域，数据可以帮助改善交通流量、减少拥堵和提高运输效率。例如，共享出行平台可以利用数据分析来预测用户的需求，提高车辆的利用率，降低空驶率。

（3）数据的政治价值

数据的政治价值体现在保障国家安全和提高国际竞争力上。数据对于国家安全具有重要的价值，政府可以通过收集和分析国内外的政治、经济和军事等方面的数据，了解国家面临的安全威胁和挑战，制定更加有效的国家安全战略和政策。目前，数据已经成为国际竞争的新领域，各国都在加强对数据的掌控和利用，以提高国家的竞争力和国际影响力。由此可以看出，数据的价值不仅体现在经济、社会等方面的实际应用中，还体现在国际关系和国际竞争中，关系着国家外交话语权。

1.3.2 数据价值的七定律

像其他组织资产一样，数据也是有成本（获取、存储和维护数据的费用）和价值（各主体依靠数据获取的收益）的。尽管如此，数据价值并不像其他资产一样遵循相同的经济学定律，它拥有一些独特的属性。

（1）数据可被无限共享，但价值并不会随之损失

数据作为一种资产，其最突出的特征是可以被任何数量的人共享，且价值不会随之损失。网络提供了一个几乎可以让无限数量的人分享相同数据的良好平台。这与其他资产的属性是大不相同的。大多数资产只供专用，只能有一方拥有它。一般来说，数据的共享不仅不会使数据贬值，反而会使其价值成倍提升——越多的人使用它，就会从中获得越高的经济效益。值得注意的是，数据不仅可以被共享，也可以被无限地复制。

（2）数据的价值随着用户的增加而提升

大多数资产随着使用次数的增加会出现贬值。例如，车辆贬值基于行驶的距离，飞机贬值基于飞行的时间，厂房和设备贬值基于使用时长。数据的主要成本取决于它的获取、存储和维护费用，但其创造的价值是随着用户的增加而不断提升的。数据本身没有真正的价值，只有当人们使用它时才有价值。从会计学的观点来看，只有数据为组织服务或提供经济利益时才能被称为资产。未被使用的数据是一种负债，因为没有价值从中产生，并且数据的获取、存储和维护又需要成本。

（3）数据具有时效性

数据会随时间的推移而贬值，即数据具有时效性。数据贬值的速度取决于数据的类型。例如，客户改变了他们的地址，那么旧的地址数据的价值就会大大降低。所以，有效的数据也有它们的"寿命"。在数据管理实践中，通常会删除那些过时的数据。

（4）数据的价值随数据准确性的增强而提升

一般来说，越准确的数据，越能有效地指导决策，它的价值也就越大，不准确的数据可能会让组织付出昂贵的代价。数据的准确程度取决于数据的类型和如何使用数据，这对于不同行业是不同的。某些数据可能需要100%的准确率，如飞机维修数据或银行记录等，而某些数据的准确率对于实际决策来说，可能80%就足够了，如气象数据等。所以，数据的准确性一旦下降

到一定水平，数据将成为一个负担而不是一种资产。在实践中，数据的准确性很少被衡量，取而代之的是依靠主观判断和经验，这往往会酿成大祸。

（5）数据的价值随着其与其他数据的结合而提升

当一类数据同其他数据比较并结合时，数据通常变得更有价值。例如，客户数据和销售数据在各自领域中均为有价值的数据，而从商业角度来看，两种数据相结合会有无限的价值。这对分析客户的特点和购买模式及确定目标市场营销模式都有很大的影响，让企业能够做到在正确的时间给正确的人推荐正确的产品，即为特定用户群体提供主动推送服务。

（6）数据并不是越多越好

在大多数情况下，拥有越多的资源越好，但数据资源往往并非如此。组织中常常存在这么一种管理问题：在相互竞争的情况下，如何分配有限的资源（如人或财务）是十分困难的，因为人们都觉得这些资源越多越好。然而，同为重要资源的数据不会面临这样的问题。随着数字技术的不断发展，数据的获取越来越容易，数据的数量、种类、获取方式都在与日俱增。事实上，如今大多数组织不缺少数据，而是出现数据过载问题。心理学证据表明，人类有严格限制处理数据的能力。当数据量超过限制量，随之而来的便是数据过载和理解能力迅速降低。在实践中，人们已经发现，当数据量超出最佳值，决策执行效果就会下降。但实践研究也表明，对于决策者来说，他们感知的数据价值在数据量超过最佳值时会继续提升。决策者往往倾向于寻求更多的数据而不是可做优化处理的数据。虽然多余的数据会导致决策执行效果降低，但它无形中会增强决策者的信心和满意度。决策者想寻求更多的数据用于有效处理，以避免失误和减少不确定性。但他们没有意识到自己的数据处理限制，也没有意识到数据并不是越多越好。

（7）数据是可再生的

大多数资源是可耗减的，你用得越多，你拥有得越少。但是对数据而言，虽然它会贬值，但它是不可耗减的。数据是一种可再生资源，你使用它越多，你拥有它越多。这是因为新生的数据会影响原始的数据，从而不断产生数据。原始的数据和新生的数据共同作用于决策者的决策。从根本上讲，这就是为什么数据不是一种稀缺资源。这也是数据挖掘技术专门从现有的数据中生成新的数据的根本所在。

1.4　基于数据管理的数据分类分级[①]

随着数据量的激增，如何确保数据的安全和合规使用成为各类组织面临的一大挑战。《中华人民共和国数据安全法》明确提出了数据分类分级保护制度，强调了数据安全治理的重要性。数据分类分级是数据安全治理中的一项基础而关键的活动，它涵盖了数据分类和数据分级两个核心部分，旨在系统化地管理和保护组织的数据资产。

1.4.1　数据分类

（1）数据分类的含义

数据分类是将数据根据其属性或特征进行归集，形成不同的类别，以便查询、识别、管理、保护和使用。这一过程通常从业务角度或数据管理角度出发，涉及行业、业务领域、数据来源等多个维度。通过数据分类，组织能够更有效地对数据资产进行编目、标准化、确权和管理，同时为数据资产服务提供支持。

（2）数据分类的原则

数据分类一般采用 MECE 原则。MECE 即 "Mutually Exclusive, Collectively Exhaustive"，中文意思是 "相互独立，完全穷尽"。在数据分类中采用 MECE 原则，意味着在进行数据分类时应确保以下两点。第一是相互独立：每个数据项只能属于一个分类，不同分类之间没有重叠。这确保了每个数据项都有一个明确的归属，避免了数据归属的模糊不清。第二是完全穷尽：所有数据项必须被分类，没有遗漏。这意味着所有的数据都被考虑到了，并且被包含在某个分类中。采用 MECE 原则进行数据分类有助于提高数据管理的清晰度和效率，确保数据治理和安全措施能够被正确地实施。这种分类方式也有助于在进行数据分析和决策时，能够快速准确地定位和使用所需的数据。

（3）数据分类的维度

数据分类的常用维度包括但不限于以下几个，这些维度可以帮助组织

---

① 本部分参考国家标准《数据安全技术　数据分类分级规则》（GB/T 43697—2024）。

更有效地管理和保护其数据资产。

业务应用场景维度：根据数据所支持的业务领域或业务流程进行分类，如财务数据、人力资源数据、客户关系管理数据等。

数据来源维度：依据数据的来源进行分类，如内部生成数据、外部采购数据、用户生成数据等。

数据格式维度：按照数据的格式进行分类，如文本、图像、视频、音频、数据库记录等。

数据共享维度：依据数据是否需要在组织内部或外部共享进行分类，如公开数据、内部数据、保密数据等。

数据价值维度：根据数据对组织的价值进行分类，如高价值数据、中等价值数据、低价值数据等。

数据所有权维度：按照数据的所有权进行分类，如组织所有数据、第三方所有数据、用户所有数据等。

通过这些维度，组织可以更精确地对数据进行分类，从而制定相应的数据治理策略、安全措施和合规要求。数据分类是数据安全治理和数据资产管理的重要组成部分，有助于提高数据的可用性、安全性和合规性。

1.4.2 数据分级

（1）数据分级的含义

数据分级是指根据数据的敏感程度及其在遭受篡改、破坏、泄露或非法利用后可能对个人、组织或国家安全造成的影响，对数据进行敏感度的分级。这一过程更多地从安全合规要求和数据保护要求的角度出发，确保对不同敏感度的数据采取相应的保护措施。

（2）数据分级的方法

组织通常按照数据的敏感度将数据分为4个等级，这样的分级体系通常旨在平衡管理的复杂性和数据保护的需求。以下是按敏感性分级的4个类型的例子，以及每个等级可能包含的数据类型。

公开数据（等级1）：这类数据对公众开放，不包含任何敏感信息，如公开发布的新闻稿、公司年报、研究论文等。

内部数据（等级2）：这些数据在组织内部共享，但不包含敏感的个人或财务信息，如组织培训资料、非敏感的业务报告等。

敏感数据（等级3）：包含个人可识别信息（PII）或其他敏感信息，需要额外的保护措施，如员工个人信息、客户数据、财务记录、医疗记录等。

高度敏感数据（等级4）：这类数据对组织至关重要，一旦泄露可能导致严重后果，需要最高级别的保护，如知识产权、商业秘密、关键基础设施设计方案、高级管理层决策信息等。

《中华人民共和国个人信息保护法》列出的敏感个人信息包括生物识别、宗教信仰、特定身份、医疗健康、金融账户、行踪轨迹等信息，以及不满十四周岁未成年人的个人信息。《信息安全技术　个人信息安全规范》（GB/T 35273—2020）对敏感个人信息做出更加详细的列举，如表1-2所示。

表1-2　敏感个人信息的分类

分类	内容
个人财产信息	银行账户、鉴别信息（口令）、存款信息（包括资金数量、支付收款记录等）、房产信息、信贷记录、征信信息、交易和消费记录、流水记录等，以及虚拟货币、虚拟交易、游戏类兑换码等虚拟财产信息
个人健康生理信息	个人因生病医治等产生的相关记录，如病症、住院志、医嘱、检验报告、手术及麻醉记录、护理记录、用药记录、药物食物过敏信息、生育信息、以往病史、诊治情况、家族病史、现病史、传染病史等，以及与个人身体健康状况相关的信息，如体重、身高、肺活量等
个人生物识别信息	个人基因、指纹、声纹、掌纹、耳廓、虹膜、面部识别特征等
个人身份信息	身份证、军官证、护照、驾驶证、工作证、社保卡、居住证等
其他信息	婚史、宗教信仰、性取向、未公开的违法犯罪记录等

资料来源：《信息安全技术　个人信息安全规范》（GB/T 35273—2020）。

数据分类和分级是相互依赖的，没有准确的分类，就无法进行有效的分级，反之亦然。因此，在数据安全治理和数据资产管理中，这两者通常被结合，以确保数据的安全和合规使用。数据分类和分级也是强化数据管理和保护的基石，它们对于组织的数据管理和保护至关重要。任何组织如果不进行数据分类和分级，就无法有效地进行数据管理和保护，甚至连自身拥有哪些数据、哪些数据是敏感的以及敏感数据存储在何处都难以掌握。此外，数据分类和分级的重要性还体现在以下三个方面：第一，完善数据的管理和保护体系；第二，提升数据安全性，满足合规要求；第三，提高业务运营效率，降低业务风险。

1.4.3 国内已发布的数据分类分级相关标准

在开展数据分类分级工作时参考较多的标准有以下几个（见表1-3）。

表1-3 国内数据分类分级相关标准

名称	发布机构	主要内容
《金融数据安全 数据安全分级指南》（JR/T 0197—2020）	中国人民银行	金融数据安全分级的目标、原则和范围，以及数据安全定级的要素、规则和过程
《证券期货业数据分类分级指引》（JR/T 0158-2018）	中国证券监督管理委员会	根据数据泄露或损坏造成的影响将数据分为不同级别，为证券期货业的数据提供分类分级方法
《基础电信企业数据分类分级方法》（YD/T 3813-2020）	工业和信息化部	电信行业的数据分类分级涉及通信安全、用户隐私保护等方面
《个人金融信息保护技术规范》（JR/T 0171—2020）	中国人民银行	主要关注个人金融信息在收集、存储、处理等环节的安全保护
《信息安全技术 个人信息安全规范》（GB/T 35273-2020）	国家市场监督管理总局、国家标准化管理委员会	规定了个人信息在收集、存储、使用、共享等方面的安全要求，以保护个人信息不被非法获取和使用
《车联网信息服务 数据安全技术要求》（YD/T3751-2020）	工业和信息化部	涉及车联网数据在加密、传输、存储等方面的安全措施
《车联网信息服务 用户个人信息保护要求》（YD/T3746-2020）	工业和信息化部	主要关注车联网环境下用户个人信息的保护，包括个人信息在收集、使用、存储等环节的安全措施
《网络安全标准实践指南——网络数据分类分级指引》（V1.0-202112）	全国信息安全标准化技术委员会秘书处	指导数据处理者开展数据分类分级工作，以帮助他们更好地管理和保护各类数据

资料来源：根据相关部委、机构公开资料整理。

> **拓展阅读**

"让师生少跑腿，让数据多跑路"
构建高校治理数字化空间

随着《教育信息化2.0行动计划》的推进，全面提升教育管理信息化水平已迫在眉睫。服务治理与高校育人如何实现"双向奔赴"，成都理工大学给出的答案是构建高校治理数字化空间——"砚湖易办"一站式服务平台。在师生能够在线上一站式办理各种业务的背后，是成都理工大学秉承"让师生少跑腿，让数据多跑路"的初心，整合数据打通各部门的壁垒，推动信息技术全面助力学校治理体系和治理能力现代化。

打破壁垒解决师生"办事难"问题

"本以为新生报到会像高中一样烦琐，结果收到录取通知书后，我在家通过'砚湖易办'就完成了新生信息填报、学费缴纳以及宿舍信息查询等。开学那天，我直接到宿舍领钥匙，线上交电费、充饭卡，不用东奔西跑、签字盖章，太方便了……"成都理工大学大一新生王同学在入学前担心新生入学流程烦琐、自己忙不过来，结果她的担忧通过"砚湖易办"迎刃而解了。值得一提的是，异地校友、教职工家属都能在手机上实现相关事务的便捷办理，再也不用一趟趟跑学校了。

此外，成都理工大学保卫处薛老师表示："从前的车辆管理全凭登记册，手写抄录进校车辆信息，发放通行证。每一年到期了，师生扎堆挤到保卫处查自己的信息续交费用。"这样的"管理困境"，在信息化尚未发展的时期比比皆是。针对师生"办事难"等问题，成都理工大学网络与信息化处的工作小组经过大量走访调研，并召集相关单位深度参与，全方位、多维度考虑并设计上线了"砚湖易办"，让数据代替全校师生"跑来跑去"，安全、便利又迅速。

"砚湖易办"按照"稳后台、厚中台、轻前台、多终端"的技术路线，通过中台深度融合数据和业务，采取"大平台+微服务"技术架构建设全校统一的网上办事服务空间，全面梳理服务事项清单与办事指南，规范业务运作，全面覆盖教学、科研、办公、后勤等方面的业务，大大提高了师生办事服务效率和服务质量。

让数据服务校园治理

高校数字化的服务模式要紧紧跟随教育信息化的脚步，成都理工大学在信息化建设方面积累了大量的资源。如何整合优化这些资源为师生提供更好的信息化服务？成都理工大学在两个维度发力，一是强化制度保障，二是在信息系统建设过程中强化数据管理制度的落地实施。学校网络与信息化处先后组织制定实施一系列制度和标准，明确了数据管理的权责利，并且明确系统运行所产生数据的所有权及管理权归学校所有；严格遵循学校数据标准和规范，遵循"一数一源"的原则，减少数据冗余；通过信息

系统的统一建设，避免数据孤岛问题。

成都理工大学信息化建设科科长刘军表示："我们没有局限在这一个项目中，创新和迭代是我们一直以来的方针，通过平台收集整合数据资源，数据才能够更好地为校园治理服务。"

在"砚湖易办"项目初见成效以后，2022年成都理工大学全量采集人事、教务、科研等业务数据，让全量数据成为资产，在建设和应用上取得良好的效果，为同类高校在学校管理服务提质增效以及办事简化的管理服务改革等方面做出示范。

（资料来源：搜狐网，2024年4月13日）

本章思考题

1. 数据与信息、知识、智慧是什么关系？

2. 数据有哪些社会价值？如何理解数据价值的七定律？

3. 数据的分类分级有何重要意义？

2　数据管理概述

如上一章所述，数据已成为企业、政府机构乃至整个社会的宝贵资产。数据可以为不同的社会组织和个人提供不同的价值，帮助提升决策水平，实现战略目标。如果将这些数据作为一项资产进行积极管理，组织便可从中获得持续价值。然而，能够高效利用数据并不是个简单的过程。只有对数据进行有效、常态化的管理，从战略层面到执行细节进行全面规划与实施，才能释放数据价值，从而为组织的决策、运营和发展提供有力支持。

2.1　数据价值链

1985 年，美国哈佛大学商学院教授迈克尔·波特在《竞争优势》（*Competitive Advantage*）一书中首次提出了"价值链"的概念。波特认为，企业是一个在设计、生产、销售、交付和维护其产品过程中进行各种活动的集合体，这些活动构成了一个价值链。价值链理论强调企业内部的各项活动如何相互关联，共同创造价值，并为企业带来竞争优势①。

在波特的价值链理论中，企业的活动被划分为基本活动和支持活动两大类。基本活动直接涉及产品的生产和交付，如生产作业、市场营销等。而支持活动也被称为辅助活动，是用来支持基本活动且内部之间又相互支持的活动，包括采购、技术开发、人力资源管理等，它们虽然不直接参与产品的生产或销售，但对整个价值链的顺畅运行和效率提升至关重要。

伴随数据经济、网络社会、移动互联、人工智能的兴起和发展，价值

---

① 〔美〕迈克尔·波特：《竞争优势》，陈丽芳译，中信出版社，2014。

链理论的研究重心不断转移，呈现从实物到虚拟、从线性到非线性、从单个组织内部到无限边界等诸多变化。

2.1.1 数据价值链的含义

2015 年，由北京市科学技术委员会和贵阳市人民政府共建的中国首家大数据战略重点实验室在贵阳成立。大数据战略重点实验室于 2017 年首次在《中国大数据发展报告 No.1》中提出数据价值链，这正是对价值链理论的深化与创新。

数据价值链是指数据在采集、传输、存储、分析、应用的过程中，通过与生产工具、生产要素结合实现价值创造与增值的完整链条。其本质是将数据作为关键生产要素，贯穿企业研发、生产、营销、服务全流程，并通过多环节协同作用形成价值网络①。数据价值链模型见图 2-1。

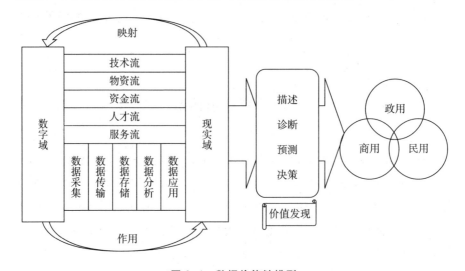

图 2-1　数据价值链模型

资料来源：《数据价值链》，西安科普网，2021 年 11 月 22 日，https://www.xakpw.com/single/21484。

数据价值链理论与传统价值链理论不同，其强调通过对价值链各节点上的数据进行采集、传输、存储、分析及应用，实现数据的价值创造以及在传递过程中的价值增值。数据价值链具有新价值载体、新传递机制和新

---

① 《数据价值链》，西安科普网，2021 年 11 月 22 日，https://www.xakpw.com/single/21484。

配置范围 3 个重要特征。新价值载体是指数据流成为与资金流、物资流、人才流等同样重要的价值载体。新传递机制是指从价值传递形式看，链式结构被拓展成网状结构，形成价值网络。新配置范围是指数据的泛边界性使其突破原有特定组织和地域限制，在更加广阔的范围内调动资源，让实现优化配置成为可能。

党的十九届四中全会通过的《中共中央关于坚持和完善中国特色社会主义制度 推进国家治理体系和治理能力现代化若干重大问题的决定》提出"健全劳动、资本、土地、知识、技术、管理、数据等生产要素由市场评价贡献、按贡献决定报酬的机制"，这是国家首次在公开场合提出数据可作为生产要素按贡献参与分配。这也标志着我国正式进入数据红利大规模释放的时代。数据作为生产要素，对价值链各环节涉及的要素流进行价值增值，推动形成包含基于政府的全治理链、基于市场的全产业链和基于社会的全服务链在内的多元价值体系，进而助力数字政府和数字社会建设。

简单来看，数据价值链就是从原始数据采集到价值转化的过程，具体表现为"原始数据采集—处理—分析—决策—价值转化"。例如，电商平台用户行为数据价值链表现为"数据采集—用户画像—精准推荐—销售额提升"；智慧城市价值链表现为"交通摄像头采集车流数据（采集）—云计算平台实时处理拥堵信息（处理）—生成动态信号灯控制方案（分析）—交警部门调整红绿灯时长（决策）—高峰期通行效率提升（价值输出）"。

2.1.2 数据价值链的关键特征

（1）价值载体革新

数据流成为与资金流、物资流等同样重要的价值载体，通过数字化基础设施（如云计算、区块链）实现实时流动与跨域整合。

（2）流动模式转变

与传统线性价值链不同，数据呈现多向交互流动特征，形成闭环反馈机制（如用户行为数据反哺产品设计）。

（3）技术深度融合

既依赖行业特定技术（如工业传感器），又与新一代信息技术（AI、5G）交叉融合，如智能制造场景中生产数据与算法模型的实时交互。

（4）组织边界突破

数据可穿透组织边界，在供应链上下游、跨行业主体间共享，如医疗数据在药企、保险机构间的合规流通。

2.1.3 数据价值创造影响因素

（1）数据质量维度

颗粒度：从切片级到细胞级的医疗影像数据细化，使 AI 诊断精度提升40%。

鲜活度：实时交通数据使物流路径优化效率提高 35%。

（2）技术成熟度

区块链技术使跨境数据交易成本降低 60%，但隐私计算技术仍需突破。

（3）制度环境

欧盟《数据治理法案》（Data Governance Act，DGA）推动跨域数据流动，但欧盟各国数据主权争议仍制约价值释放。

2.2 数据管理的含义与目标

2.2.1 数据管理的含义

当前，学界对于数据管理尚无统一的定义。2020 年，国际数据管理协会（以下简称"DAMA 国际"）提出，数据管理的含义为规划、控制和提供数据资产，发挥数据资产价值[1]。

本书认为，数据管理是围绕数据全生命周期展开的系统性管理活动，旨在通过技术手段和规范流程实现数据的有效利用与价值挖掘。其核心含义包括以下几点。

（1）数据全流程管理

涵盖数据的收集、存储、处理、分析、共享及销毁等环节，强调通过标

---

[1] 〔美〕DAMA 国际：《DAMA 数据管理知识体系指南》（原书第 2 版），DAMA 中国分会翻译组译，机械工业出版社，2020。

准化流程（如数据治理、元数据管理）保障数据资产的高效运作。数据管理不仅关注技术层面，如数据库技术、数据仓库技术等，更涉及组织架构、流程规范、人员技能等多维度要素，以实现数据资源的高效配置与利用。

（2）技术与业务融合

结合硬件、软件（如云计算、AI）与业务需求，打破数据孤岛，实现跨系统整合。例如，通过数据中台统一管理多源异构数据，提升业务响应速度。同时，数据管理急需安全、可靠的技术方法，为数据应用过程中强化数据隐私保护、提高决策数据质量、促进数据共享和评估监管数据应用的合规性等提供技术支持[①]。

（3）数据资产化

将数据视为核心资产，通过主数据管理（Master Data Management, MDM）、数据质量管理等手段，确保数据的准确性、一致性与可追溯性。

简单地说，数据管理就是对数据、信息进行管理，以一种适合通信、解释或处理的形式化的方式表示出来，目的是保证数据的及时性、真实性和准确性，充分发挥数据的价值。当前，数据管理广泛应用到金融、医疗、企业、政府、图书馆等领域。数据的管理手段逐渐由原来的重视技术过渡到技术、经济、人文等多种手段并用。

2.2.2　数据管理的核心目标

数据管理的核心目标围绕数据价值释放与风险控制展开。

①保障数据质量与可用性：提升数据准确性（如消除重复记录）、完整性（如填补缺失值）和时效性，确保数据支持精准决策。

②实现数据安全与合规：建立数据分类、加密、访问控制机制，防范数据泄露与滥用。

③提升数据应用价值：促进数据跨部门、行业共享，支持创新场景（如依托用户画像开展精准营销）。通过数据湖、数据仓库等架构实现数据深度分析，驱动业务增长。

④提升运营效率与成本控制水平：减少冗余存储，优化资源分配，降低成本；推动数据处理流程自动化，缩短数据准备周期。

---

① 孟小峰、刘立新：《区块链与数据治理》，《中国科学基金》2020 年第 1 期。

2.2.3　数据管理与数据治理的区别

目前主要有以下 3 种观点。

第一种，认为数据管理等于数据治理。这种观点并不完全正确，管理（management）与治理（governance）两个词的中英文表达方式都不一样。英语"management"源于拉丁语"manus"（意为"手"），引申为"权力"或"权限"。中世纪意大利语"maneggiare"用于描述对贸易、制造企业的控制行为，后演变为法语"manegerie"，并于 16 世纪进入英语体系，泛指对事物的控制与指导。17 世纪后，"管理"一词广泛用于农业、医疗、教育等领域，核心含义始终围绕"协调、控制以实现目标"。在中国古代，"管"指钥匙（象征约束），如"郑人使我掌其北门之管"（出自《左传·僖公三十二年》），后衍生为"管辖"；"理"原指治玉（精细加工），后扩展为"治理"，如"理国要道，在于公平正直"（出自《贞观政要》）。清代开始将"管"与"理"结合为"管理"，强调通过约束与协调达成秩序。"治理"（governance）源自古典拉丁文和古希腊语中的"掌舵"（κυβερνάω），原意为"控制、引导和操纵"。这一概念最初与航海相关，隐喻对事物方向的把控。"治理"后来被引入公共管理领域，在政治学中应用较多，目前也扩展至多个领域，在企业治理、数据治理、全球气候治理等领域始终围绕"通过多元协作实现系统有序运行"这一核心命题。

第二种，认为数据治理包含并指导数据管理。这种观点强调数据治理偏重顶层设计和战略制定，以策略为导向；数据管理是具体执行，关注操作和效率。例如，包冬梅、范颖捷、李鸣提出数据治理与数据管理是两种不同层次的活动，数据治理侧重于从宏观上评估、指导和监督数据管理活动的执行，数据管理则侧重于从微观上采取恰当的行动来实现数据治理的决策[①]。任亚忠认为数据治理凌驾于数据管理之上，是对数据内容和权力的重新分配[②]。

第三种，认为数据管理包含数据治理。数据治理是数据管理的子集，

---

① 包冬梅、范颖捷、李鸣：《高校图书馆数据治理及其框架》，《图书情报工作》2015 年第18 期。

② 任亚忠：《从数据管理走向数据治理——大数据环境下图书馆职能的转变》，《四川图书馆学报》2017 年第 4 期。

聚焦全流程操作（如数据清洗、存储）；数据管理关注策略与规则（如制定数据质量标准）。例如，Michelle Knight 认为数据管理分为数据策略、数据治理与数据架构 3 个阶段①。

　　本书比较认同第 3 种观点。管理是通过计划、组织、领导、控制等职能，协调资源（人力、物力、信息等）以实现既定目标的过程。其本质体现为解决问题，作为方法论，管理旨在通过规则和工具解决协作中的复杂问题。德鲁克认为管理的深层目的是"激发人的善意与创造力"，而非单纯控制。实现既定目标必然涉及战略制定和顶层设计等，管理学中也有战略管理的说法。

　　因此，数据管理是一个包含数据治理的综合性概念。数据管理不仅涵盖数据的技术处理与维护，还包括数据政策制定、标准建立、流程优化等治理层面的工作。数据管理是一个全方位、多层次的体系，数据治理是其核心支撑，数据管理和数据治理在实施过程中需要相互结合，才能释放数据的最大价值。数据管理与数据治理的关系见表 2-1。

表 2-1　数据管理与数据治理的关系

维度	数据治理	数据管理
范围	全流程	策略层
重点	执行操作	规则制定

资料来源：笔者自制。

2.3　数据管理的框架模型

2.3.1　DAMA-DMBOK2 数据管理框架

2022 年，DAMA 国际用车轮图定义了数据管理知识领域，即 DAMA-DMBOK2 数据管理框架，该框架将数据管理分为 11 个部分，分别是数据

---

①　Michelle Knight, *What Is Data Management? Definition*, *Benefits*, *Uses*, https://www.dataversity.net/what-is-data-management/.

治理、数据架构、数据建模和设计、数据存储和操作、数据安全、数据整合与互操作、文件和内容管理、参考数据和主数据管理、数据仓库和商务智能、元数据管理和数据质量管理①，如图 2-2 所示。它将数据治理作为数据管理的中心，其他知识领域围绕其形成车轮平衡。它们都是成熟数据管理功能的必要组成部分，但根据各组织的需求，可能在不同的时间实现。

图 2-2　DAMA-DMBOK2 数据管理框架

资料来源：DAMA 国际。

数据治理：数据治理是数据管理的基石，通过建立数据决策权限和责任体系，为数据管理活动提供指导和监督。它强调数据管理与组织战略的一致性，通过制定数据政策、标准和流程，确保数据的高质量和安全性。数据治理还关注数据管理方式的持续改进，推动组织在数据利用方面提升成熟度。

数据架构：数据架构是组织数据资产的蓝图，基于组织战略目标设计

---

① 〔美〕DAMA 国际：《DAMA 数据管理知识体系指南》（原书第 2 版），DAMA 中国分会翻译组译，机械工业出版社，2022。

数据框架。它定义了数据的存储结构、分类、整合和流动路径，为数据治理提供技术支撑。数据架构的应用需要跨部门协作，确保与业务流程无缝对接，为数字化转型提供基础。

数据建模和设计：数据建模和设计通过系统化的分析和设计活动，探索、分析、表达和沟通数据需求。数据建模从需求分析开始，定义数据实体、关系和属性，构建反映业务逻辑的数据模型。这些模型为数据库设计和数据整合提供标准化框架，确保数据模型的准确性和可用性。

数据存储和操作：数据存储和操作涉及数据存储的设计、实施和支持，贯穿数据的整个生命周期。其目标是通过优化存储结构和管理流程，最大化数据资源的价值。活动包括数据备份、恢复和性能优化，以应对数据量增长和业务需求变化。

数据安全：数据安全确保数据的隐私、完整性和可用性，通过制定和实施安全策略、技术措施和管理流程，保护数据免受未经授权的访问和篡改。数据安全活动结合合规性和风险管理，通过持续监控和评估，应对安全威胁。

数据整合与互操作：数据整合与互操作涉及不同数据系统、应用程序和组织之间的数据迁移、集成和共享。通过制定数据标准和开发数据接口，实现数据在不同系统之间的无缝流动和共享，打破数据孤岛，提升数据的可用性和价值。

文件和内容管理：文件和内容管理专注于非结构化数据的管理和生命周期控制，尤其是与法律及合规性相关的文件。通过文件分类、存储、检索和归档，确保文件的安全性和一致性，提升文件管理效率，降低合规风险。

参考数据和主数据管理：参考数据和主数据管理涉及对核心关键共享数据的持续更新和维护。主数据是组织业务运营的核心数据，其准确性和一致性对业务决策至关重要。参考数据为数据分类和标准化提供基础，确保数据的一致性和可比性。主数据是企业核心业务实体的基准数据，描述跨业务流程和系统重复使用的高价值实体，如客户、产品、供应商、员工等。例如，客户信息在销售、财务、客服等系统中需保持一致，属于典型的主数据。参考数据是用于分类、描述其他数据的静态数据，通常以代码表或有限值域的形式存在，如订单状态（"已发货"）、国家代码（CN）、合同类型等。

数据仓库和商务智能：通过数据抽取、转换和加载过程，将数据整合

到数据仓库中，并通过数据分析和报告工具，将数据转化为有价值的决策信息。这些活动帮助组织优化业务流程，提升运营效率，为战略决策提供数据支持。

元数据管理：元数据管理通过规划、实施和控制活动，支持对高质量元数据集的管理和访问。元数据是关于数据的数据，通过元数据管理，组织能够提升数据的标准性和一致性，降低数据管理成本，为数据分析和决策提供支持。

数据质量管理：数据质量管理通过应用质量管理技术，衡量、评估和改善数据质量。通过制定数据质量标准、实施数据清洗和监控数据质量指标，确保数据的准确性、完整性和一致性，为数据分析和决策提供高质量的数据支持。

数据管理的核心知识涵盖了从数据治理到数据质量管理的各个领域，这些领域共同构成了一个全面的数据管理框架，任何期望从数据中获取价值的组织都必须通过这些领域来进行有效的数据管理。随着技术发展和数据管理需求的复杂化，数据管理的实践也在不断演进。组织需要关注数据管理的最新发展情况，结合自身需求优化数据管理实践，释放数据的最大价值。

2.3.2　CMMI 研究院数据管理成熟度模型

数据管理成熟度（Data Management Maturity，DMM）模型是由 CMMI 研究院于 2014 年发布的。它可以帮助组织构建、衡量和增强数据管理能力，在整个组织中提供及时、准确、易访问的数据，以评估和提升组织的数据管理水平，帮助组织利用数据提高业务绩效。DMM 模型沿用了能力成熟度模型集成（Capability Maturity Model Integration，CMMI）的一些基本原则、结构和证明方法。

DMM 模型定义了数据管理的基本业务过程以及构成成熟度渐进路径的关键能力。它是一个数据管理实践综合框架，不仅可以帮助组织对其功能进行基准评估，确定优势和差距，还可以促进组织形成自己的数据管理成熟度路线图，帮助组织更为熟练地管理关键数据资产，强化战略支持，提供一个具有一致性且可对比的基准，用来评估长时间的进展，并利用数据资产提高业务绩效。

DMM 模型一经发布就引起了各方的关注，当前已经在国际上培训了一批评估师，并且在房地美（美国联邦住宅贷款抵押公司）、微软等公司进行了模型验证。

DMM 模型包括 6 个类别（见图 2-3），每个类别包含多个过程域。这些过程域是传达模型的主题、目标、实践和工作产品示例的主要手段。组织通过完成过程域实践构建数据管理能力，结合基础设施支持实践，提升数据管理的成熟度。

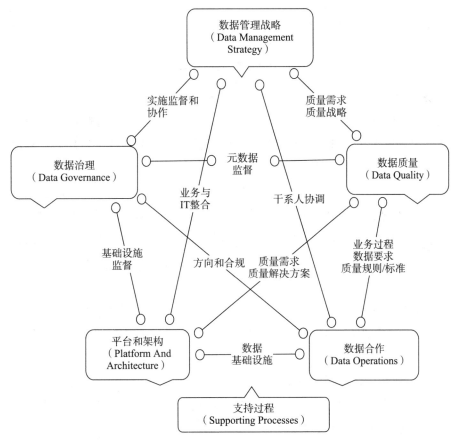

图 2-3　DMM 模型

资料来源：CMMI 研究院。

DMM 模型根据企业的数据管理能力提出 5 个层次，随着层次的提高，最佳实践取得的成果也随之升级，如图 2-4 所示。

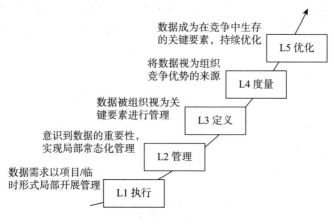

图 2-4　DMM 模型提出的 5 个层次

资料来源：CMMI 研究院。

L1 执行：数据管理仅处于项目实施需求层面。过程的执行具有临时性，主要体现在项目级层面。过程通常无法在跨业务领域中适用。过程原则主要是被动式的。例如，数据质量管理过程注重修复而非预防。可能存在基本的改进，但这种改进未能扩展至整个组织，往往也无法维持。

L2 管理：组织意识到将数据作为关键资产进行管理的重要性。组织根据管理策略规划并执行过程；雇用有技能的员工并辅以足够的资源，以保证可控的输出结果；让利益相关方参与；监控和评估过程以符合相关定义。

L3 定义：组织将数据视为实现绩效目标的关键要素。采用并始终遵循标准过程。根据组织的指导方针，将标准过程进行调整，以获得满足组织特别需求的过程。

L4 度量：将数据视为组织竞争优势的来源。定义了过程指标，并将其用于数据管理。这包括使用统计与其他量化技术对差异、预测和分析进行管理。过程绩效管理贯穿全生命周期。

L5 优化：将数据视为组织在动态竞争的市场中生存的关键要素。通过L4 分析改进措施以提升过程绩效，与同行分享最佳实践。

DMM 模型面向每一个想要高效管理自身数据资产的组织。已经使用DMM 模型的公司所涉及的行业非常广泛，包括 IT、航空、金融等。

DMM 模型可以拆分以适应任何组织的需求，它可以应用于整个组织、一个业务线条，或者一个包含多个利益相关者的主要项目。

2.3.3　数据管理能力成熟度评估模型

《数据管理能力成熟度评估模型》（GB/T36073—2018）是我国在数据管理领域出台的首个国家标准，旨在帮助企业利用先进的数据管理理念和方法，建立和评价自身数据管理能力，持续完善数据管理组织、程序和制度，充分释放数据在促进企业向信息化、数字化、智能化发展方面的价值。

数据管理能力成熟度评估模型（Data Management Capability Maturity Model，DCMM）定义了数据战略、数据治理、数据标准、数据架构、数据质量、数据安全、数据应用和数据生命周期8个核心能力域及28个能力项、445条标准，如图2-5所示。

图 2-5　国家标准 DCMM 模型

资料来源：《数据管理能力成熟度评估模型》（GB/T36073—2018）。

DCMM 将数据管理能力成熟度划分为 5 个等级，自低向高依次为初始级（1级）、受管理级（2级）、稳健级（3级）、量化管理级（4级）和优化级（5级），不同等级代表企业数据管理和应用的成熟度不同。

初始级（1级）：数据需求的管理主要是在项目级体现，没有统一的管理流程，主要是被动式管理。

受管理级（2级）：组织已意识到数据是资产，根据管理策略的要求制定了管理流程，指定了相关人员进行初步管理。

稳健级（3级）：数据已被当作实现组织绩效目标的重要资产，在组织层面制定了系列标准化管理流程，促进数据管理的规范化。

量化管理级（4级）：数据被认为是获取竞争优势的重要资源，数据管理的效率能被量化分析和监控。

优化级（5级）：数据被认为是组织生存和发展的基础，相关管理流程能实时优化，能在行业内进行最佳实践分享。

2.4 数据管理的核心内容

2.4.1 数据治理体系

目标与战略：需明晰数据治理目标，使其与企业战略相契合，包含数据质量提升、流程优化、安全保障等内容；构建数据治理框架，涵盖政策、流程以及角色分工，如组建数据治理委员会。

组织与文化：构建跨部门协作机制，明确数据所有者与管理者的职责；借助培训与宣传增强全体员工的数据管理意识。

2.4.2 数据质量管理

标准与评估：界定数据质量标准（如准确性、完整性、一致性），并运用工具监测数据健康状况；运行数据清洗、校验以及修复流程，如借助ETL工具纠正数据错误。

持续改进：定期出具数据质量报告，识别问题根源并优化流程。

2.4.3 数据架构设计

存储与结构：设计契合业务需求的数据模型（如关系型、非关系型数据库），并选定云或本地化存储方案；搭建数据仓库或数据湖，以支撑历史数据分析与实时查询。

互操作性：经由数据虚拟化技术或 ETL 工具整合多源数据，打破信息孤岛。

2.4.4　元数据管理

元数据定义与分类：记录数据的业务含义、技术属性以及血缘关系，如表结构、字段定义。

元数据应用：提供统一的数据资产目录，支持快速检索与权限管理。

2.4.5　主数据管理

核心实体管理：统一客户、产品、供应商等关键业务实体的定义与编码规则，构建企业级客户视图。

同步与分发：通过服务化接口将主数据分发给各业务系统，确保数据一致性。

2.4.6　数据安全与隐私保护

访问控制：实行角色权限管理，约束敏感数据访问。

加密与审计：运用加密技术保障存储与传输中的数据安全，并通过日志审计追踪异常操作。

2.4.7　数据存储与维护

数据库管理：优化存储性能（如索引设计、查询响应），定期备份与恢复数据。

生命周期管理：制定数据归档与销毁策略，权衡存储成本与合规要求。

2.4.8　数据分析与应用

商业智能：借助可视化工具（如仪表盘）将数据转化为业务洞察，支持决策。

数据服务化：以 API 形式开放数据，为业务系统快速调用赋能。

2.5 数据管理的价值与意义

2.5.1 业务价值

①降本增效。在物流领域，企业在数字化运营管理后实现了物流运输效率提升 30% 左右，人工成本下降 20% 以上，实现了物流的管理性、技术性降本增效[①]。在农业领域，极飞科技通过无人机采集农田多光谱数据，结合土壤传感器数据生成精准施肥方案，帮助农户降低 40% 的化肥使用量，增产 15%[②]。

②风险控制。保险业欺诈检测模型准确率提升 30%，蚂蚁金服使用图神经网络（GNN）监测信用卡套现行为，识别 300 多个隐蔽洗钱模式。

2.5.2 社会意义

①推动数字经济发展。在 2024 年的半年报中，中国移动首次将数据资源作为资产入表，金额达到 7000 万元，其中包括无形资产 2900 万元和开发支出 4100 万元。此外，中国移动还披露了约 1.21 亿元与数据资源相关的研发支出[③]。故宫博物院建立文物数字资产管理系统，对 186 万件文物进行 3D 建模和数据标注，实现文物修复方案模拟和虚拟展览功能[④]。

②促进跨领域协作。粤港澳大湾区建立跨境数据验证平台，采用区块链存证技术实现学历、医保等数据的跨域互认。

---

① 《数据开放如何助力降低全社会物流成本》，"中国物流与采购杂志"微信公众号，2024 年 12 月 18 日，https：//mp. weixin. 9q. com/s？biz = MzA5MzUyMDgwNw = = &mid = 26497707 10&idx = 1&sn = f8b890e1d01d76d65251729ab2f2722e&chksm = 89a7c811d649b559d0e1269bbe 9b43c7339a25085c9168e397a82c5a2b5730ad68cb357ffbc0&scene = 27。

② 《农业创新致富：新点子如何真实点亮乡村未来》，"潮点热话"百家号，2025 年 2 月 28 日，https：//baijiahao. baidu. com/s？id = 1825284857993339573&wfr = spider&for = pc。

③ 《央企首家，中国移动已悄悄实现数据资产入表》，搜狐网，2024 年 8 月 19 日，https：// news. sohu. com/a/801972644_121490188。

④ 《故宫博物院加强社会化合作，构建"数字文物"产学研用体系》，国家文物局网站，2023 年 11 月 20 日，http：//www. ncha. gov. cn/art/2023/11/20/art_722_185388. html。

2.6 数据管理存在的问题及面临的挑战

2.6.1 数据管理存在的主要问题

在大数据环境下,数据管理的主要问题体现在以下几个方面[①]。

①数据标准不统一。大数据中的半结构化和非结构化数据大大增加了组织在元数据和主数据管理上的困难。目前组织缺乏统一的元数据、主数据定义标准,不同组织定义的数据标准各不相同,这阻碍了系统间信息的共享,降低了组织资源的利用率。

②数据质量问题严重。大数据的实时性要求需要组织提高数据的访问效率,减少数据传输,这就迫使组织将相同的信息在不同系统之间进行冗余存放。但数据的更新存在滞后性,容易造成冗余数据不一致,带来更多数据质量问题。

③数据隐私问题凸显。大数据的挖掘分析、开放共享在提升数据应用价值的同时加深了数据的透明程度,尤其是将数据集中在一个大环境中时,一些敏感隐私数据有可能被泄露或非法使用,这给数据的安全与隐私保护带来更加严峻的挑战。

通过对大数据环境下的数据治理需求进行分析可知,数据标准化、数据质量管理、数据安全与隐私保护等环节存在的问题是组织在开展数据治理时面临的首要挑战。为了更好地解决这些问题,组织需要重点关注对元数据管理、主数据管理、数据质量管理和数据安全隐私与合规等方面的治理。

2.6.2 数据管理面临的挑战

①数据区别于传统实物和金融资产,具有无形性、持久性、可复制性和易传输性。一旦丢失,恢复成本极高,这使数据的价值评估变得异常复

---

① 杨琳等:《大数据环境下的数据治理框架研究及应用》,《计算机应用与软件》2017 年第 4 期。

杂。此外，数据的动态性和多用途性进一步增加了管理难度。例如，在企业环境中，相同的数据可能被用于市场营销分析、客户服务支持等多个场景，导致不同部门对同一数据集的需求各异，从而加深了数据整合与标准化的困难程度。

②数据价值评估是数据管理中的一个关键问题。由于缺乏统一的标准，且数据价值高度依赖具体情境，这一过程充满了不确定性。每个组织的数据都是独一无二的，其价值取决于内部使用的持续成本和产生的收益。更重要的是，数据的价值往往是暂时性的，随着时间推移可能会发生变化。高质量的数据无疑能为企业带来显著的竞争优势，尤其是在涉及独特且难以替代的信息时，如客户资料、库存记录或索赔历史等。

③保持较高的数据质量是数据管理的核心任务之一。低质量的数据会导致错误决策，造成资源浪费和效率低下。为了保障数据质量，必须进行系统化规划，包括明确用户需求、设定质量标准、执行清洗和验证流程等。然而，现实中数据管理往往被视为事后补救措施而非预防手段。低质量数据的成本高昂，涵盖废弃重做、合规风险等多个层面；而高质量数据则有助于提升客户满意度、生产力并降低风险，为组织创造更多价值。

④要发挥数据的最大价值，必须进行系统化规划，考虑数据生命周期的各个阶段。这涉及业务流程的设计、系统架构的选择、数据使用策略以及如何支撑组织战略等问题。成功的数据优化规划需要业务和技术领导者之间的紧密合作，以及项目的有效实施。

⑤元数据是理解和管理数据资产的基础，它描述了组织拥有的数据及其属性。有效的元数据管理能够帮助理解数据的内容、来源、移动路径、使用权限和质量状态等信息。但由于数据本身的抽象性和上下文依赖性，元数据管理同样面临挑战。如果处理不当，可能导致数据管理问题频发。

⑥数据管理是一个跨领域的活动，涵盖了从设计到技术实现再到分析解释等环节。如何让拥有不同技能的专业人士认识到彼此工作的关联性，并共同致力于实现组织目标，是数据管理面临的一个关键挑战。建立良好的沟通渠道和支持机制对于促进团队间的协作至关重要。

⑦数据跨越了组织内部的各个垂直领域，如销售、市场推广和运营等，形成了一个"横向"的知识库。虽然各部分可能独立运作，但最终目的是让广泛的数据消费者能够无缝访问所需信息。为此，组织需制定统一

的数据治理政策，确保数据的一致性和协调性。这可以更好地支持跨部门的数据共享和集成，提高整体工作效率。

⑧现代组织不仅要管理自身生成的数据，还要处理外部获取的数据，这就要求它们遵守不同国家和地区的规定。考虑到数据可能存在被误用的风险，组织应当采取措施减少此类可能性。同时，了解数据在整个生命周期中的潜在用途，可以帮助规划更合理的数据管理方案，确保数据的安全、合规和高效利用。

▌拓展阅读

国家电投集团数据管理实践

国家电投集团是一家以电为核心、一体化发展的综合性能源集团。国家电投集团于 2017 年 12 月成立了大数据中心，由集团科技与创新部领导，是集团大数据工作的管理支撑机构与业务运营平台。大数据中心旨在推动新兴信息技术与传统能源电力行业的深度融合，促进技术与商业模式的变革，当前的 4 条工作主线是"搭建平台、汇聚数据、开发应用、运营服务"。

根据国家电投集团"十三五"信息化规划，由集团信息公司承担集团统建信息系统（集团化系统）的建设与运行维护工作。集团统建信息系统包括应用平台类、数据平台类、云平台类、信息安全类和其他类 5 个类别共 50 多个信息化系统，覆盖全集团的各层级单位。

各二级单位在使用集团统建信息系统的同时，还根据各自的需求，逐步建立了各自的业务信息系统（自主化系统），约有 230 个，分别应用在办公文档管理、财务管理等方面。集团化系统和自主化系统共同为二级单位的信息化提供了良好的支撑。

国家电投集团的数据资源主要包括以下三大部分。

一是经营管理类数据，基本为结构化数据，存在于集团统建信息系统及各二级单位自主化系统。

二是生产类数据，以时序数据为主，覆盖集团火电、水电、风电、铝业、煤炭、金融等产业板块，其中新能源方面的数据比较多，接入集控中

心的数据点约是传统能源的两个量级以上。

三是非结构化数据，包括在设计、科研、实验等过程中形成的文本、图片、视频等数据，这对研究院、设计院与工程公司来说是核心的资产。目前在运、在建的 54 个集团统建信息系统中的数据总量接近 100TB，加上各二级单位自主化系统中的数据及各类生产数据，现存数据总量超过了 1PB。

目前，国家电投集团在数据资产管理方面主要存在以下不足。

一是国家电投集团各层级单位对数据资产管理不够重视，普遍没有把数据当作资产来管理。尽管大家已经意识到了数据的重要性，但是各单位相应的数据资产管理职责尚未完全落实到位，尚未建立权责清晰的管理组织与制度流程，专职、兼职人员严重不足。

二是数据的管理、技术标准体系不完善，长期存在短板，相关的制度流程不完善。国家电投集团建设了数百个信息化系统，但是从集团总部到二级单位层面，普遍没有发布数据标准，大多是直接采用相关的国际标准与行业标准。没有完善的数据标准，导致数据质量不高，不能很好地支撑数据分析应用。

三是数据质量管理水平有待进一步提升。目前，国家电投集团的标准体系不健全，数据质量管理缺乏标准依据，有的系统中的数据完全依赖人工填报，缺乏有效的稽核机制；管理制度和流程不完善，数据质量管理工作的开展缺乏常态化机制，跨部门的数据沟通困难；数据质量管理人员配备不足、知识与经验不够、监管方式不全面；缺乏数据质量管理工具支撑，目前多依靠人为干预；数据质量评价规则库不健全，数据质量评估过多依靠专家经验。

四是跨单位之间的数据资源共享困难。目前，国家电投集团的大部分业务系统按业务线垂直建设，"烟囱式"的业务系统导致跨单位之间的数据资源共享困难；集团层面尚未建立业务数据开放、共享的机制，这在一定程度上限制了数据价值的挖掘，特别是设备故障样本数据。

五是数据价值评估体系尚未建立。鉴于实际困难，国家电投集团拟建立有偿机制，推进集团内部数据的共享与交易，但因数据价值评估体系尚未建立，难以推动和实施。

六是数据资产管理专业人才储备不足。国家电投集团虽已明确由大数据中心承担总部层面的数据资产管理职责，由各产业创新中心承担产业内的数据资产管理职责，但部门内的岗位设置和人员配备尚未完全到位。集团的数据资产管理专业人才储备不足，部分二级单位缺乏全职的数据资产管理人员，导致数据资产管理工作对外部运维单位较为依赖。

针对集团数据资产管理存在的主要不足，综合参考 DAMA 国际《DAMA 数据管理知识体系指南》（原书第 2 版）、国际标准《数据管理能力成熟度评估模型》、《数据资产管理实践白皮书》（4.0 版）以及国内能源、通信、IT 企业的数据治理实践，国家电投集团结合《国家电投集团大数据建设总体方案》，开展集团大数据治理体系的建设。

国家电投集团于 2019 年实施了"国家电投集团大数据治理体系规划咨询项目"，从宏观上设计集团的数据治理组织机构、制度与流程，覆盖了元数据、主数据、数据质量、数据安全、数据模型、数据共享等主题域，制定并发布了数据管理办法，形成元数据、主数据、数据标准、数据质量、数据模型管理与技术标准，以推进集团数据治理工作，为二级单位实施提供参考。

2019 年 8 月，集团大数据中心正式实施"国家电投集团大数据治理体系规划咨询项目"，开展集团大数据治理体系顶层设计。其中主要包括构建集团数据治理组织体系、制定管理制度与流程、编制数据资产管理总体规划及实施路线图（覆盖元数据、主数据、数据质量、数据安全、数据模型、数据共享 6 个主题域），并在大数据中心、五凌电力实施试点，根据试点结果完善规划设计，并进行集团数据治理工作需求分析。

如图 2-6 所示，国家电投集团数据资产管理体系架构主要包括 1 套标准体系、1 个数据资产管理平台、3 套保障体系（组织保障体系、评价体系、管理流程体系）、6 个主题域，以确保完成集团数据资产管理的总体工作目标。其中，数据资产管理平台支撑数据资源管理工作的顺利开展，标准体系为数据资产管理体系的建设和落地提供规范的参考依据，保障体系是支持主题域的制度体系，主题域代表了落实数据资源管理的一系列具体行为。集团基础、通用的数据标准以国际标准、行业标准为主；与企业及产业特点密切相关的数据标准是在借鉴国际标准、行业标准的基础上编制落地的。

（资料来源：祝守宇等：《数据治理：工业企业数字化转型之道》，

电子工业出版社，2020）

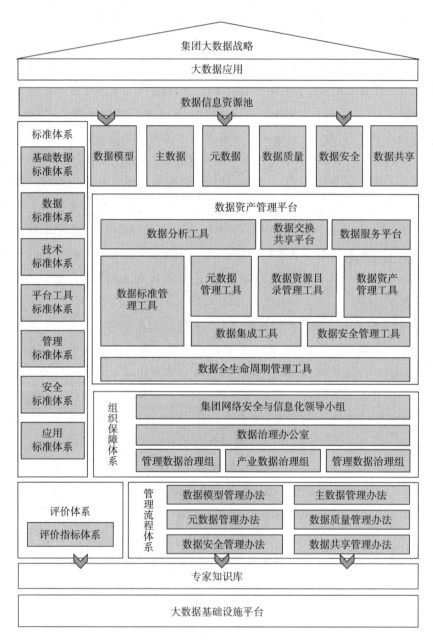

图 2-6　国家电投集团数据资产管理体系架构

本章思考题

1. 什么是数据管理？数据管理的目的是什么？

2. 数据管理有哪些价值？

3. 设计一个大学图书馆的数据管理流程图。

3 数据管理的理论基础

作为一种理论研究和实践活动，数据管理涉及多领域的学科知识。本章主要介绍了数据管理的 5 个理论基础，包括公共物品理论、价值共创理论、生产要素理论、生命周期理论和资源配置理论。这些理论为数据管理提供了不同视角的支撑。

3.1 公共物品理论

3.1.1 公共物品的含义

在经济学中，物品具有排他性（excludability）和竞争性（rivalry）。

所谓排他性，是指商品或服务的提供者有能力阻止那些没有为此商品或服务付费的人使用它们。换句话说，如果一种商品具有排他性，那么就可以有效地排除未支付费用的个人使用该商品。例如，当你购买了一张电影票，你获得了观看特定场次电影的权利。电影院可以通过检查门票来确保只有购票观众能够进入放映厅观看电影。这种情况下，电影票就是一种具有排他性的商品。而城市里的路灯和免费的公园是不具有排他性的，因为很难防止人们免费使用这些公共资源。

所谓竞争性，指的是当一个人使用一种商品或服务时，就会降低其他个体使用同一商品或服务的数量或质量。换句话说，如果一个资源是竞争性的，那么它的消费是有冲突的，即一个消费者的消费会直接减少另一个潜在消费者所能获得的利益。例如：当你吃了一个苹果后，其他人就不能再吃这个苹果了。因此，食物是一个具有高度竞争性的商品。相反，广播电台节目是具有非竞争性的，即使更多的人收听同一个频道，也不会影响已有的听众体验。

根据上述两个特征可以将物品分为两大类：私人物品（private goods）和公共物品（public goods）。

所谓私人物品，是指既具有排他性又具有竞争性的物品，如面包或牛奶等。现实生活中大多数的物品都是像面包和牛奶这样的私人物品。

所谓公共物品，是指供公共使用或消费的物品。公共物品是可以供社会成员共享的物品，按萨缪尔森给出的公共物品的经典定义，公共物品是指在消费上具有非竞争性和非排他性的物品[①]。然而在实际中，很少有物品能完全满足这两个条件，大多数物品只具有非竞争性或非排他性，这些物品通常被称为准公共物品。而准公共物品又有两种：一种具有非排他性，但在消费上具有竞争性（称为共同池塘物品），如海洋中的鱼、不收费的道路、图书馆、博物馆、公园等；另一种具有消费上的非竞争性，但可以低成本地排他（称为俱乐部物品），如电信、电力、自来水、管道、煤气、有线电视、收费的道路等。

公共物品与私人物品的区别在于，公共物品可以同时给一系列使用者提供利益，而私人物品只能为单个使用者提供利益。

3.1.2　公共物品的外部效应与"搭便车"行为

公共物品因其非排他性和非竞争性，往往会带来外部效应。外部效应又称为溢出效应或外部经济，指一个人或一群人的行动和决策使另一个人或一群人受益或受损的情况。外部效应可以分为"正外部效应"和"负外部效应"。

正外部效应是指一个行为主体给其他行为主体带来了利益，而市场无法令其得到相应补偿的现象。例如：养蜂人给果园带来传授花粉和增产的利益；个人种植鲜花和草坪，邻居免费享受美丽的风景和新鲜空气。以上都属于正外部效应，但市场往往无法令受益人对行为人进行补偿。

负外部效应是指一个行为主体给其他行为主体带来了损失，而市场无法令其对受损主体进行补偿的现象。例如，钢铁厂排放的烟尘会减少附近农民的收成，造纸厂排放的废水可能会污染当地居民的水源，抽烟者污染

---

① 刘佳丽、谢地：《西方公共产品理论回顾、反思与前瞻——兼论我国公共产品民营化与政府监管改革》，《河北经贸大学学报》2015 第 5 期。

空气造成他人被动吸烟，均属于负外部效应。

所谓"搭便车"是指不付出任何代价而获得利益的行为。人们对公共物品的消费并不会减少或排斥他人对该物品的消费，因此公共物品一旦被提供，生产者就无法排斥那些不为此物付费的个人，或者说排斥的费用是昂贵的。例如，路灯照明有益于每个过路人，但过路人并不愿意为路灯支付费用，因为即使不支付费用也能得到照明。公共物品导致市场失灵的主要原因在于无法将成本和收益"追踪"到每个消费者身上。

公共物品会产生外部效应，所以公共物品的属性会扰乱市场机制的功能，导致市场失灵。对于具有正外部效应的公共物品，如灯塔、公共交通、绿地等，往往会出现"搭便车"现象，使产出水平低于社会效率，即生产不足；而那些具有负外部效应的公共物品，如污染的水源等，往往存在过度生产。此时"搭便车"问题表现在受害者之间推诿责任，没人愿出面制止，最后导致无人过问。

3.1.3　数据的公共物品属性及特性

（1）数据的公共物品属性

当前，主流的观点都认为数据（信息）是一种准公共物品。虽然大家都认为信息具有许多公共物品具有的经济学特性，但不少学者注意到在许多情况下，信息的消费可以很容易地进行排他，因此数据的公共物品特征是不完整的。例如，陈春华观察到档案馆在提供档案信息时可以通过收费来进行排他[1]；Shapiro、Varian 则指出可以利用加密等技术手段对信息消费进行排他[2]；马费成、龙鹫提出"共享性以及消费无损耗性是信息资源的两个重要特征，这决定了信息具有公共物品的非排他性和非竞争性的特点"，但"信息的使用还是比灯塔的灯光更容易控制……因此，信息并不是一种纯粹的公共物品，而更像是一件准公共物品，或者说是一种特殊的公共物品"[3]。

---

[1]　陈春华：《运用法治思维做好档案信息和政府信息公开》，《档案与建设》2015 年第 10 期。

[2]　C. Shapiro，H. Varian：*Information Rules：A Strategic Guide to the Network Economy*，（Harvard Business School Press，1999）.

[3]　马费成、龙鹫：《信息经济学（五）第五讲　信息商品和服务的公共物品理论》，《情报理论与实践》2002 年第 5 期。

数据与信息一样，在消费上具有非竞争性和非排他性，所以数据属于公共物品，数据的这种经济现象被称为数据公共物品原理。

数据的共享性以及消费无损耗性决定了数据具有公共物品的非排他性和非竞争性。因此，数据明显地具有一定的公共性，并且一些数据属于纯公共物品。同时，尽管数据与其他公共物品一样存在明显的"效果外溢"，但在很多时候，数据的使用可能还是比灯塔的灯光更容易控制，至少绝对保密地定向传递数据或自用数据是可能的，因此很多数据并不是纯粹的公共物品，而更像是"准公共物品"。

（2）数据公共物品特性的变化

公共物品是一个相对概念，其非竞争性和非排他性都是在特定经济技术条件下而言的，当社会环境发生变化，数据的公共属性也会发生变化。尤其是公共物品的非排他性不是绝对的，许多物品之所以具有非排他性而成为公共物品，并非这些物品的消费完全无法实现排他，而是因为排他的技术手段还不成熟，或者排他的经济成本过高，抑或出于社会利益考虑不应当进行排他。另外，有些物品在一定历史阶段中具有排他性，但随着环境的改变，这些物品不应再有排他性。因此，数据的公共物品属性是变化的，有些属于公共物品的数据在一定条件下会转变为准公共物品或私人物品，有些属于私人物品的数据也会在一定条件下转变为准公共物品或公共物品。第一，通过技术手段进行排他，如在线身份验证、水印技术等。第二，载体的变化会导致数据性质的改变，如电子数据通常表现出纯公共物品性质，而记录在纸质载体上的数据较多地表现出准公共物品甚至私人物品的性质。第三，使用方式（公益使用、自学研究、商业使用等）的变化也会改变数据的性质，如民众一般都可以免费或基本免费地获取政府机构发布的气象数据，这些数据更像纯公共物品，但在以收费形式给海上作业企业定向推送时则成了准公共物品。这说明，某些数据就直接使用而言属于纯公共物品，而就再使用而言却属于准公共物品。

3.1.4　数据公共物品属性的应用

与私人物品相比，数据的共享性质不会因个体的使用而削弱其对他人的可用性，即一个人使用某项数据并不妨碍其他人同时或随后使用同一项数据。因此，数据具有成为公共物品的天然属性，尤其是在数字时代，数

据的复制和传播成本极低，使数据的公共物品属性更加显著。然而，数据的公共物品属性并非绝对，它受到技术、法律、经济和社会等多种因素的影响，可能在某些情况下表现出排他性或竞争性，从而转变为准公共物品或私人物品。

公共物品理论在数据领域的应用主要体现在促进数据开放与知识共享、优化智能城市与公共服务、推动跨行业合作与数据授权运营等方面。在促进数据开放与知识共享方面，政府和公共机构发布开放数据集，为科学研究、教育和社会创新提供丰富的数据资源。这些数据的无障碍访问促进了知识的广泛传播和技术的快速进步，使数据成为推动社会发展的重要力量。在优化智能城市与公共服务方面，通过收集和分析公共数据，如交通流量、空气质量等，政府可以更加精准地管理城市，提高公共服务效率。例如，调整交通信号灯配时以减少拥堵，根据空气质量数据及时启动应急措施，有效提升城市居民的生活质量。跨行业合作与数据授权运营也是公共物品理论在数据领域的重要应用方向。不同行业的企业和机构之间通过数据共享和合作，实现资源的优化配置和创新能力的提升。这种跨界合作不仅有助于解决复杂的社会问题，还能推动产业升级和经济发展。

3.2 价值共创理论

3.2.1 价值共创的含义及特征

（1）价值共创的概念

通常来讲，企业是价值（产品或服务）的创造者，用户是单一的消费者。价值共创理论（Theory of Value Cocreation）是指 21 世纪初管理学家普拉哈拉德（Prahalad）提出的企业未来竞争将依赖一种新的价值创造方法——以个体为中心，由消费者与企业共同创造价值的理论。该理论将消费者当作价值创造的一部分，通过消费者的反馈、互动等，适时地改进企业的生产方式，从而达到价值共创的效果。

在新一代信息技术背景下，价值共创的核心概念是：企业借助互联网为用户或消费者提供某种平台，再给特定的平台提供相关的技术、产品、服务，致力于帮助需求对象做好自身业务，达成深度合作，最终实现各方都获得收益。价值共创的主体属性可以是多样的，可以是企业之间的、企业与用户之间的，还可以是用户与用户之间的。如在快手、抖音平台上，大家都可以是平台的用户，但有的人利用平台分享视频，获得了粉丝群、知名度和经济收益；有的人利用平台观看视频了解世界、获得愉悦感、学到知识；平台在维护自身有序运营的同时获得了流量带来的经济效应，提升了知名度和认可度。这体现出价值共创的特征。

（2）价值共创的特征

从价值共创的概念和价值共创的研究视角可知，价值共创重在强调企业之间、消费者之间的互动、反馈作用，价值共创的具体特征主要表现为以下 4 点。

①价值共创的实现来源于多元主体之间的协同合作。

②价值共创需要整合主体之间的制度、技术、服务等资源。

③价值共创是基于有效的交互途径和交互平台展开的活动。

④价值共创重视主体之间的互利共赢、价值共享。

（3）价值共创的视角

价值共创理论被提出并广泛应用后，已基本形成两个主要的研究视角。

第一种是以消费者体验为主导的价值共创。

以消费者体验为主导的价值共创认为，消费者是价值共创的关键主体，企业不再是产品价值形成的核心组织，企业只有重视消费者的体验价值，才能同消费者构成互利共同体，进一步实现价值共创。例如，乐高推出了一项名为"Ideas"的计划，邀请粉丝提交自己的积木设计构思，如果获得了足够的公众支持，它就有可能被正式生产并销售。这不仅激发了消费者的创造力，也为乐高带来了新颖的产品线。

第二种是以服务为主导的价值共创。

以服务为主导的价值共创认为，服务是实现价值共创的重要资源，价值产生于顾客与服务提供商的互动和适应过程。在服务业，顾客可被视为企业的兼职服务人员，实现与企业的价值共创、利益共赢。银行或金融机构提供的个人理财顾问服务就是一个典型的例子。顾问们会深入了解客户的财务状况、目标和风险承受能力，然后为客户量身定制投资组合或财务规划方案。在这个过程中，客户作为兼职服务人员提供了关键的信息，使

最终的解决方案更加贴合实际需求。

3.2.2 数据价值共创理论

（1）数据价值共创的内涵

数据价值共创是指在新一代信息技术背景下，组织（企业）、用户及其他相关方通过互联网平台进行互动与合作，共同创造价值的过程。这一过程强调数据的共享性、非竞争性和非排他性，以及各方在数据使用和反馈中的积极参与。在数据价值共创中，数据不仅是一种资源，更是一种连接各方、促进合作与创新的纽带。

在这个过程中，数据的价值并不是静态的，也不是由单一实体单独创造的，而是依赖多个利益相关者之间的合作与互动，包括但不限于数据生产者（如消费者）、数据处理者（如企业）、数据分析者（如研究机构）以及最终的数据使用者（如政府、其他企业或个人等）。

数据价值共创的关键步骤和方法可概括为：构建数据共享平台以促进多方参与和协作，通过明确参与方角色、建立激励机制及加强沟通来推动项目进程；深入挖掘数据价值，运用先进数据分析技术进行预测和分类，将结果可视化呈现并定制化报告；持续优化迭代分析方法和模型，关注新技术的发展以保持创新。

（2）数据价值共创的特点

①多主体协同创造价值。

数据的价值并不是预先确定的，而是在使用过程中通过数据提供者、处理器、分析者和消费者之间的交互共同形成的。每个参与者都在数据价值链中扮演着不可或缺的角色，并且他们的贡献随着时间和情境的变化而变化。

②持续互动与反馈循环。

数据价值共创是一个连续的过程，其中数据的生成、收集、整合、处理、分析、应用及反馈是相互关联并不断迭代的。新的数据输入或新的用户行为都会触发新一轮的分析和调整，形成正向反馈循环，使数据的价值不断提升。

③基于服务的逻辑。

数据本身并不直接创造价值；相反，它作为服务的一部分，在解决特定问题或满足需求时才体现价值。因此，数据价值共创更关注如何通过服务的形式来传递数据价值，而不是单纯地存储或出售原始数据。

④技术平台和社会基础设施的支持。

实现有效的数据价值共创需要强大的技术平台（如云计算、大数据分析工具等）和社会基础设施（如法律法规、伦理准则、行业标准等），以确保数据安全、隐私保护以及合法合规。

⑤信任与透明度的重要性。

成功的数据价值共创依赖所有参与者之间建立的高度信任关系。这意味着要保证数据来源的可靠性、处理过程的透明性和结果的公正性，从而赢得用户的信任和支持。

⑥以用户体验为中心。

数据价值共创的核心是以用户体验为中心，确保提供的服务能够真正解决用户的实际问题，提高生活质量或工作效率。只有当用户感受到切实的好处时，他们才愿意继续参与并贡献更多的数据。

⑦经济与社会效益的平衡。

在追求商业利益的同时，要考虑数据使用的社会影响，确保不会对环境、健康或其他公共福祉造成负面影响。同时，应探索可持续发展的商业模式，使各方都能从数据价值共创中获益。

总之，数据价值共创理论认为，数据的价值在于它如何被用来创造有意义的服务，而这些服务又反过来增强了各个参与方的能力，促进了进一步的创新和发展。为了实现这一点，必须构建一个包容性的生态系统，让所有利益相关者都能够平等地参与数据价值共创过程。

3.2.3　数据价值共创理论的应用

数据价值共创理论强调在新一代信息技术背景下，企业、用户及其他相关方通过互联网平台协同合作，共同创造价值。其核心在于多主体协同，数据价值在使用中由各方交互形成，角色随情境变化。价值共创过程持续且互动，数据从生成至反馈形成循环，使价值不断提升。基于服务逻辑，数据作为服务的一部分在解决问题时体现价值，传递方式受到关注。这需要技术平台和社会基础设施的支持，确保数据安全、隐私保护及合法合规。信任与透明度至关重要，要保障数据可靠、过程透明、结果公正，

赢得用户信任。以用户体验为中心，服务要解决实际问题、让用户受益，进而让用户愿意贡献数据。平衡经济与社会效益，在追求商业利益的同时考虑社会影响，探索可持续发展模式，实现各方共赢。

数据价值共创理论强调多方参与者通过互动和协作，在数据的整个生命周期中共同创造并利用数据的价值。数据价值共创不仅推动了技术创新和服务优化，还为构建可持续发展的数据经济生态提供了坚实的理论基础和有力的实践指导。其主要应用体现在智能城市与公共服务优化、个性化服务与用户体验提升、医疗健康领域创新、跨行业合作与数据授权运营、数据产品与服务的定价策略等。例如，市民作为数据生产者，通过移动设备分享交通、能源消耗等信息；政府与企业合作处理这些数据，开发优化公共交通调度、减少碳排放等解决方案，提升城市管理和公共服务效率。而平台型企业（如阿里巴巴、腾讯）分析用户行为数据，为商家提供精准营销工具，同时为用户提供定制化的产品和专属服务方案，显著提高用户满意度和忠诚度。

3.3 生产要素理论

3.3.1 生产要素的含义

"要素"一词来自经济学，一般是指生产经营活动所需要的各类资料，譬如被视为三大生产要素的资本、劳动、技术。生产要素是指投入生产过程的产品。要素与产品没有截然的区别，完全取决于是否进入下一个生产过程。生产要素总是相对于最终消费而言，因此也可以说，非最终消费的产品都属于生产要素①。

不同的经济时代和生产力发展水平，对应不同的生产技术要求以及与此相适应的生产组织形式，生产要素所包含的内容也发生很大的变化。在每一阶段的生产组合中，都存在一种或两种生产要素对经济发展起关键性作用。伴随社会生产方式的变革，关键生产要素处于不断变化之中：一些

---

① 于立、王建林：《生产要素理论新论——兼论数据要素的共性和特性》，《经济与管理研究》2020 年第 4 期。

在原先生产过程中只是起依附作用的生产要素上升为具有决定性作用的关键生产要素；另一些在原先生产过程中起到重要作用的关键生产要素，在此后的生产过程中作用逐渐降低，甚至变得不起多大作用。

威廉·配第认为，"土地为财富之母，而劳动则为财富之父和能动的要素"①。土地和劳动是农业文明的主要生产要素，而进入工业文明后，萨伊提出"生产三要素论"，将生产要素概括为劳动、资本和土地，工资、利息、地租分别是三者的价值形式②。阿尔弗雷德·马歇尔和玛丽·佩利·马歇尔将资本进一步分为知识和组织，并且认为可以将组织分离出来，列为一个独立的生产要素③。

当下，数字经济正如火如荼地发展，数字化、智能化趋势加速形成，数据在经济社会中的作用不断显现。新的生产要素组合方式引发要素之间的更替，推动生产方式发生变革。利用人工智能、物联网、云计算等技术在不同主体之间构建起互联互通的价值网络，进行跨界经营、平台布局、资源共享已然成为主流的商业模式，其中数据扮演着关键角色。

3.3.2　数据生产要素

（1）数据生产要素的内涵

2019 年 10 月，党的十九届四中全会通过的《中共中央关于坚持和完善中国特色社会主义制度　推进国家治理体系和治理能力现代化若干重大问题的决定》提出："健全劳动、资本、土地、知识、技术、管理、数据等生产要素由市场评价贡献、按贡献决定报酬的机制。"2020 年 4 月中共中央、国务院颁布《关于构建更加完善的要素市场化配置体制机制的意见》④，提出要"加快培育数据要素市场"。2020 年 5 月中共中央、国务院颁布《关于新时代加快完善社会主义市场经济体制的意见》⑤，进一步强调要"加快培

---

① 〔英〕威廉·配第：《赋税论　献给英明人士货币略论》，陈冬野等译，商务印书馆，1978。
② 〔法〕萨伊：《政治经济学概论》，陈福生、陈振骅译，商务印书馆，2020。
③ 〔英〕阿尔弗雷德·马歇尔、玛丽·佩利·马歇尔：《产业经济学》，肖卫东译，商务印书馆，2019。
④ 《中共中央 国务院关于构建更加完善的要素市场化配置体制机制的意见》，中国政府网，2020 年 4 月 9 日，https://www.gov.cn/zhengce/2020-04/09/content_5500622.htm。
⑤ 《中共中央 国务院关于新时代加快完善社会主义市场经济体制的意见》，中国政府网，2020 年 5 月 11 日，https://www.gov.cn/gongbao/content/2020/content_5515273.htm。

育发展数据要素市场，建立数据资源清单管理机制，完善数据权属界定、开放共享、交易流通等标准和措施，发挥社会数据资源价值。推进数字政府建设，加强数据有序共享，依法保护个人信息"。2023 年 10 月 25 日，国家数据局正式揭牌成立。2024 年 1 月，国家数据局等 17 部门联合印发《"数据要素×"三年行动计划（2024—2026 年）》[①]，旨在充分发挥数据要素乘数效应，赋能经济社会发展，提出"推动数据要素与劳动力、资本等要素协同，以数据流引领技术流、资金流、人才流、物资流，突破传统资源要素约束，提高全要素生产率；促进数据多场景应用、多主体复用，培育基于数据要素的新产品和新服务，实现知识扩散、价值倍增，开辟经济增长新空间；加快多元数据融合，以数据规模扩张和数据类型丰富，促进生产工具创新升级，催生新产业、新模式，培育经济发展新动能"。

根据创新经济学相关理论，新生产要素的确立通常是技术革命的产物。2010 年前后，以互联网（物联网）、3G/4G/5G 通信、云计算、大数据（分析）、人工智能等为代表的新一代信息技术陆续开启了大规模商业化应用。数据的收集、传输、存储、处理、分析成本大幅降低，数据资源得以大量积累，并支撑电子商务、网约租车、互联网金融等新经济、新业态、新模式快速发展，推动新一轮科技革命和产业变革加速演进。在此轮技术革命中，新一代信息技术在其对应的主导技术体系中处于核心地位，而数据则成为新的关键生产要素。

与劳动力、土地和资本等传统生产要素一样，数据作为一种生产性资源，只有投入产品生产和服务提供的过程中，才由一般的信息商品转化为生产要素。同时，数据作为一种新型生产要素，与资本、劳动、土地等其他传统有形生产要素相比具有新特征，体现为非竞争性、易复制性、非排他性/部分排他性、外部性、即时性及可再生性等技术—经济特征（techno-economic feature）[②]。

非竞争性是数据要素最为基本和突出的技术—经济特征。经济社会

---

① 《国家数据局等部门关于印发〈"数据要素×"三年行动计划（2024—2026 年）〉的通知》，湖南省人民政府网站，2024 年 10 月 8 日，https://www.hunan.gov.cn/zqt/zcsd/2024 01/t20240108_32620677.html。

② 蔡跃洲、马文君：《数据要素对高质量发展影响与数据流动制约》，《数量经济技术经济研究》2021 年第 3 期。

中，大多数资源（商品/资产）都是竞争性的，即在同一时点不能被多个主体所同时使用，其（使用）价值在使用后很容易消失或发生转移。例如，1000 克大米被某个家庭食用后就无法被其他家庭消耗。而数据要素不仅能够被不同主体在多个场景下同时使用，更能在被使用后保持价值不被削弱甚至实现增值。例如，100 万张带标签的人类基因组图像或 10000 辆汽车各行驶 10000 公里所产生的数据集合可以被任意数量的公司或数据分析师运用不同的机器学习算法同时使用，而且在使用过程中，新产生数据的收集或与其他来源数据的匹配，大概率能提升原有数据集的价值。

易复制性，或者说低成本/零成本复制的特性，是数据较为突出的技术—经济特征。以"0""1"比特形式存在的数据，其生产收集过程相对复杂，前期需要较大的硬件和软件（应用）投入，而收集完成后的复制则简单很多，除去存储介质和复制过程中少量电力耗费外，复制成本接近于零。事实上，得益于各种新一代信息技术的大规模商业化应用，数据的生产收集虽然需要大量一次性投入，但其边际成本已经接近于零，从而呈现低成本、大规模可得的特性。易复制性大大降低了数据被不同主体使用的门槛，是数据非竞争性得以存在和发挥作用的隐含前提。

非排他性（non-exclusive）/部分排他性（partially exclusive）也是数据区别于传统生产要素的一项重要技术—经济特征。排他性是指当某人在使用某样生产要素时，其他人就不能同时使用。土地、劳动力、资本等传统生产要素都具有非常明显的排他性。与这些传统生产要素不同，数据具有非排他性/部分排他性，即数据可以无限复制给多个主体同时使用。一个人使用了某部分数据，并不影响其他人使用这部分数据。虽然不同数据平台可能收集同一个人的数据，但平台之间互不干扰也互不排斥。严格来说，数据的非排他性还不够彻底，因为通过加密技术便可以将很多用户排除在外；在网络环境下为应对黑客和数据泄露而采用的各种加密手段可以实现部分排他，但为此需要在软硬件和系统建设方面进行持续大量的投入。

外部性也是数据重要的技术—经济特征。经济学中的外部性最早是指个体或特定群体的决策或行为会让其他个体或群体（被动地）受益或受损，却不用为此付出成本或不能得到补偿；比较典型的例子有污染排放等。数据的非竞争性、非排他性只是为其外部性的出现提供了前提条件，但外部性的产生还需要同各种数据分析工具和手段相结合，并同其他数据

进行匹配对接；如果没有对获取数据的处理分析，也就不会给其他个体带来收益或损害。同其他传统领域一样，数据的外部性也有正负之分，但都源于数据经过匹配和处理后产生的额外有效信息，而这些有效信息的用途决定了外部性的最终方向。

即时性（instantaneity）是数据在数字经济时代所具备的一项技术—经济特征。移动互联网、5G 通信、云计算、机器学习、人工智能等新一代信息技术的应用，使数据管理成本全方位下降，数据生成（收集）、传输、处理和分析的速度也全面大幅提升。在既有研究中，即时性往往被忽略，但在应用实践中，即时性却发挥着决定性作用。例如，当前以网约租车为代表的即时服务平台要求司机和乘客双方定位时滞为秒级，如果移动通信技术还停留在 2G 时代，这种要求根本无法实现。

此外，传统经济理论认为，各种生产要素都是有限的、不可再生的，而人的消费需求又是无限的，这就要求人们对各种生产要素进行合理配置。土地、劳动力、资本等传统生产要素都具有不可再生性，即在一定时间内它们是不可重复使用的。与传统生产要素不同，数据是在参与人类社会各种经济活动中形成的新型生产要素，是生生不息、源源不断的，不但不会随着使用增多而减少，反而可以多次循环使用，并且随着分享范围的扩大而提升价值，这体现了数据的可再生性。

数据的上述特征是提升企业生产经营效率、实现价值创造能力倍增、增加消费者剩余和福利、支撑高质量发展的微观基础，也衍生出隐私泄露、数据垄断等问题，造成了一定的负面影响。

（2）数据生产要素理论的应用

数据生产要素理论认为，在现代社会经济体系中，数据已经成为一种独立且关键的生产要素，与传统生产要素如资本、劳动和土地等并列。数据的独特性在于其非竞争性、易复制性、非排他性/部分排他性、外部性、即时性及可再生性等技术—经济特征。这些特征使数据能够在不增加额外成本的情况下被多方使用和共享，从而促进创新和效率提升。数据生产要素的核心在于通过数据的收集、处理、分析和利用，为经济活动提供新的价值创造途径，推动经济增长和社会进步。

数据生产要素在现代社会经济体系中扮演着至关重要的角色，其应用广泛且深远。在企业运营领域，借助市场趋势预测实现精准营销，优化供应链管理，提升效率、降低成本，推动产品研发与创新以契合市场需求和提升竞争力。在金融服务领域，用于风险评估、信贷决策，助力投资决策和资产管理，为金融机构的稳健运营及客户的财富管理提供支持。在政府治理领域，为政策制定提供依据，评估政策效果，优化公共资源配置，提升应急管理和公共安全水平。在医疗健康领域，实现疾病诊断预测、资源管理优化以及健康管理和个性化医疗，提高医疗服务质量和效率，促进公众健康。数据生产要素贯穿经济社会的各个方面，成为数字化转型和创新发展的核心驱动力。随着技术的持续进步和数据的不断丰富，数据生产要素将在更多领域释放巨大价值和潜力，不仅将重塑各行业的生产、管理和商业模式，还将为经济增长和社会进步注入源源不断的动力，引领人类迈向更加智能、高效和美好的未来，对构建现代化经济体系和推动社会全方位发展有着不可替代的关键作用。

3.4　生命周期理论

3.4.1　生命周期的内涵及适用对象

（1）生命周期的内涵

生命周期的概念源于生物领域，本义指生物从出生、生长、成熟、衰退到死亡的全过程，并体现不同时期的阶段性、规律性变化。伴随人类思想的进步，生命周期的实质与内涵不断延伸，已与许多专业建立联系。生命周期理论利用生命周期思想，将研究对象从形成到消亡看成一个完整的生命过程（即运动整体性）；而对象的整个生命过程因表现出不同的价值形态可划分为几个不同的运动阶段（即运动阶段性）；在不同的运动阶段中，应根据对象的不同特点，采用适宜的管理方式和应对措施（即运动阶段内各要素间的内在联系的特点）。这正是生命周期理论的内涵，也是生命周期理论的价值所在。

（2）生命周期理论的适用对象

生命周期理论的研究对象必须符合生物生命周期内涵。依据生物生命周期的本质，适用于生命周期理论的研究对象必须符合两个条件：具有生

命特征和存在的有限性。

生命周期理论的研究对象必须具有生命特征，这是被研究对象是否存在生命周期的最基本要求。通过对生物生命周期内涵的分析，不难发现生物的生命特征有三：新陈代谢、自我复制和突变性。新陈代谢是指生物体不断从外界获取资源，为自身提供必需的营养，经过内部的各种循环，转化为自身的一部分；与此同时，生物体不断地消耗已有的营养，形成必需的功能。自我复制是指生物体通过不断积累，使自己从 1 个变为 2 个，2 个变为 4 个，4 个变为 8 个……同时，在复制过程中表现出高度的遗传特性。突变性则表现为两个方面：第一，生物体在复制和繁殖过程中，遗传信息会发生少量的错误，也就是变异，使后代生物和前代生物有一些差别；第二，生物体在外部环境变化的影响下发生质变。

生命周期理论的研究对象，如产品、企业、产业等无不具备生命特征。首先，不断与外部环境进行物质、能量和信息交换，即"新陈代谢"；其次，通过不断积累进行"复制"（如不同产品在相同的生命周期阶段所具备的共性）；最后，因环境的变化或多或少发生变异（如不同产品在相同的生命周期阶段所具有的个性）。

生命周期理论的研究对象必须有限，因为生物体的存在是有限的，生物体的死亡是必然的。生物学中关于生物死亡的理论有 200 多种，但是都有一个共同的结论，即生物死亡是生物体内天然的因素造成的，或者说生物体内有一种与生俱来的"倒计时"装置。虽然一些环境条件（如气候条件、生活条件、医疗条件）的不良可能加速生物体的死亡，但改善这些条件却不能使生物体逃避死亡。而诸如企业、产品之类的人工系统（相对生物体这一自然系统而言），它们的存在也是有限的，因而产生了"企业生命周期""产品生命周期"等运用生命周期方法研究企业和产品的理论。

无论是人、生态系统、技术、企业还是信息，在各自的生命周期内，都要经历从出生到成熟再到衰退的不同阶段，都会随着生命周期的阶段变化而起起落落。

3.4.2　数据生命周期理论

（1）数据生命周期的内涵及模型

信息技术的发展推动数据成为更具细粒度的关注对象，数据作为信息的原材料，同样延续了信息的生命周期。

　　在从创建到销毁的周期里，数据需要被长期管理和保存，实现对已有数据的提取和再利用。2004 年，英国数据管理中心发布了 DCC 数据生命周期模型，它起源于社区管理实践，具有层次分明、全面具体的特点。该模型是以数据为核心的环状性结构，从内而外有 5 层，前 4 层分别为描述数据、保存计划、社区监督参与、管理及长期保存，最外面一层包括数据创建和接收、评估和选择、数据传递等活动。

　　数据文档计划（Data Documentation Initiative，DDI）3.0 数据生命周期模型由英国数据档案项目联盟发布，是社会科学数据管理生命周期模型，也是最简单、最基本的模型。模型各要素按照研究阶段依次排列，包括研究课题、数据收集、数据处理、数据存档等，如图 3-1 所示。

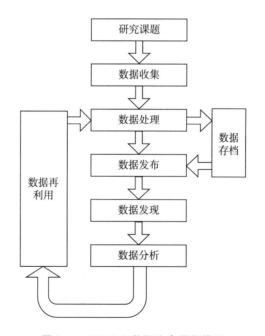

图 3-1　DDI 3.0 数据生命周期模型

资料来源：英国数据档案项目联盟。

　　根据数据生命周期理论，要将数据存放在最合适的媒介，以便于快速实现数据的提取和再利用，更好地解决实际问题。这与基层信息员工作中对于已有信息的保存、提取和再利用是一致的。

杭州市数据资源管理局将数据资源管理生命周期划分为 8 个环节（见图 3-2）：数据采集、数据传输、数据存储、数据处理、数据共享与交换、数据分析、数据安全、数据销毁。如果将数据比作人，这 8 个环节囊括了"数据"从呱呱坠地到咿呀学语、从意气风发到年老退休的完整人生①。

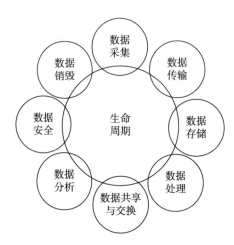

图 3-2　数据资源管理生命周期

资料来源：杭州市数据资源管理局。

数据采集：作为数据资源管理生命周期的第一个环节，数据采集是伴随数据的产生而进行感知、记录的过程。在这个过程中，人类通过技术手段从外部数据源获取信息并形成具有一定结构的数据。数据采集要求采集技术手段能够适应数据的类型、精度和产生速度；随着科技的发展，数据采集的技术手段也在变化，物联网、遥感等先进技术越来越多地出现在各类数据采集设备中。

数据传输：数据传输的本质是通过传输介质将数据从一处传送到另一处。数据采集后，通过传输将其送往各地进行处理和使用，如果没有传输，数据只能停留在原地，使用程度和效果都会被限制，作为资源的意义将大打折扣。

数据存储：数据存储是数据资源管理生命周期中十分重要的环节，如果将数据比作人，那存储环节更像是它的栖身之所。在存储环节，数据占

---

① 杭州市数据资源管理局等编著《数据资源管理》，浙江大学出版社，2020。

有空间，遵循特定组织规则，以被稳定地保存。

数据处理：采集到的数据通常无法直接满足应用要求，数据的多源异构特征决定了数据具有信息的复杂性和质量的不稳定性，因此数据从获取到应用必然需要经历一个加工处理的过程。通过数据清洗、抽取、转换，对庞杂的信息进行精简，对无意义的内容进行清除，可以保证数据的准确性、完整性、一致性和唯一性。

数据共享与交换：数据共享与交换可以创造更多价值。数据资源的开放共享特征决定了数据资源的价值不仅在于它本身，也在于共享与交换而产生的附加值。数据共享与交换通过统一的共享平台和交换规范，将数据目录集中管理，按需申请、按规审批，改进交换过程，提高交换效率。数据共享与交换是最大化数据价值的基础。

数据分析：数据不会开口说话，但不表明数据没有发言权，数据中所包含的信息不仅能反映世界的样貌，还能影响人类的思维，延伸人类的感官，揭示事物发展的规律。有人将数据比作矿石，只有经过冶炼才能提取出高纯度的金属，很多分析手段和挖掘方法应运而生，并衍生出更多的资源，集聚为价值密度更大的产物。操作分析、统计分析、挖掘分析、可视化分析等技术为数据特征分析提供了可操作的方法。由此形成的算法、模型包装等服务，可以为更多自定义数据和需求提供专业便利的服务。了解数据分析技术，犹如学习与数据沟通的方式，代替数据表达隐含的信息。数据分析是发挥数据资源价值的关键所在，政府、企业、社会掌握的数据只有经过有效的分析，才能了解领域的发展前景，掌握市场主动权，从而让数据创造更大的价值。数据分析让我们从收集的数据中了解事物的真实信息，并使数据能够真正在管理、决策、监测、评价等环节以及人们的生活中创造价值。数据分析大到影响国家政策，小到影响老百姓的日常生活，同时能为企业带来巨大的商业价值，实现各种高附加值的增值服务，从而提升经济效益和社会效益。因此，数据分析是否合理高效是数据资源能否实现价值最大化的关键。

数据安全：数据安全是数据资源管理生命周期的核心环节，从数据采集到数据分析，其中的每个环节都需要考虑数据安全。数据安全问题层出不穷，技术不足和蓄意破坏是不能忽视的隐患。数据安全保障着眼于"六防"，即防查、防错、防泄露、防破坏、防丢失、防恢复。随着人们安全意识的

增强和科技的发展，加密解密、隐私保护、安全访问限制等方法和手段正逐渐为数据提供全方位的保护，确保数据在传输、存储的过程中保持完整性、保密性、真实性以及容错能力和多备份能力。维护数据安全从来不是一蹴而就、一劳永逸的，未雨绸缪、防微杜渐才是应对数据安全问题的正确之道。数据安全是数据资源价值发挥与保障的前提条件，在数据被赋予资源的属性后，数据安全就成为数据资源存储、传输、交换、交易等流通环节的核心问题。没有数据安全，就没有数字资源的公平性、权威性、合法性等必要属性。数据安全也是数据资源表征其社会属性的基本保障。

数据销毁：在数据资源管理生命周期中，销毁是不可忽视的一环，它意味着数据的消亡。从安全角度考虑，为杜绝重要数据被非法窃取，避免数据泄露带来的潜在风险，防止无用数据对整个数据生态产生污染，需对数据进行彻底的删除，以致其不可恢复，此过程称为数据销毁。数据销毁包括内容销毁、介质销毁、传播可能性销毁等，是一项计算机科学与物理、化学等结合的技术产物。数据销毁是保障数据资源拥有者对数据价值具备完全使用权的基本途径，即数据拥有者可通过数据销毁实现对数据价值社会属性的彻底终止，有效避免数据资源耗费存储资源、被非法滥用等影响或危害社会等负面问题。

（2）数据生命周期理论应用

数据生命周期理论将数据的整个存在过程视为一个从创建到销毁的完整周期，强调在这一周期内对数据进行长期管理和保存，以实现其价值的最大化。这一理论认为，数据在其生命周期中会经历不同的阶段，每个阶段都有其特定的价值形态和管理需求。因此，应根据数据在不同阶段的特点采取适宜的管理方式和应对措施，以确保数据的有效利用和安全。

数据生命周期理论的应用体现在数据从创建至销毁全过程的科学管理与优化。这一理论不仅强化了数据的安全性和合规性，还为深度挖掘数据价值提供了支撑，如在分析阶段运用先进工具发现数据潜力。同时，数据生命周期理论促进了多方参与者的合作与互动，共同创造并利用数据价值，推动了技术创新和服务优化，为构建可持续发展的数据经济生态奠定了坚实基础。

3.5　资源配置理论

3.5.1　资源配置的含义及原则

（1）资源的含义及特点

资源本义是指人类赖以生存的物质，以自然资源和生活资源为主，如土地、森林、猎物等。随着生产技术的发展和社会生活的复杂化，人类自身创造的资源越来越重要，其构成也越来越复杂多样。符号化知识、经验型技能、创新型能力、通信手段、社会组织系统等都成为生产的要素即生产的资源，不仅有经济生产方面的资源，而且有社会生活方面的资源，如政治资源、文化资源、数据资源等。因此，人类积累的一切创造发明成果都成了推动人类政治、经济、文化、科技活动进一步发展的资源。

总之，资源是指"资财的来源"，既包括自然资源如土地、森林、矿藏、水域等，也包括各类社会资源。其中，数据资源就是一种社会资源。

资源具有以下两个重要特点。

①稀缺性。资源的稀缺性是指相对于人类无限增长的需求而言，在一定时间与空间范围内，资源总是有限的。例如，石油、煤炭、金、银等矿物资源是不可回收利用的资源。资源的稀缺性使人们必须考虑如何使用有限的资源来满足无限的需要。

②多用性。大部分资源都具有多种功能和用途。在具有稀缺性的世界中选择一种东西意味着放弃其他东西。经济学要研究一个经济社会如何对稀缺的经济资源进行合理配置的问题，于是有了"机会成本"（opportunity cost）的概念。机会成本是指利用一定资源获得某种收入时所放弃的另一种收入。在生活中，有些机会成本可用货币来衡量。例如，农民在获得更多土地时，如果选择养猪就不能选择养鸡，养猪的机会成本就是养鸡的收益。但有些机会成本往往无法用货币衡量，如在看书学习和看电视剧之间进行选择。

（2）资源配置的含义及原则

经济学的基本矛盾是资源是稀缺的，需要又是无限的。这也是经济学

研究的基本出发点。基本矛盾催生了一个经济问题：如何最优或有效地配置资源。

所谓资源配置，是指由某种力量（行政的力量、市场的力量、道德的力量、自我的力量等）对经济活动中的各种资源按内在比例与规律要求，在各部门、各地区和各企业的不同使用方向之间进行分配，以生产出合乎内在比例与规律要求的产品，满足人们不同的需要。资源配置需要遵循如下原则。

①效率原则。

所谓效率，就是以既定的投入获得尽可能多的产出。资源配置效率是指在一定的技术水平条件下，各投入要素依据各产出主体的分配所产生的效益。帕累托效率（Pareto Efficiency）是指资源分配的一种理想状态，也称帕累托最优、帕累托改善、帕累托最佳配置，是博弈论中的重要概念，并且在经济学、工程学和社会科学中有着广泛的应用。帕累托效率一般是指一项社会变革或资源重新配置，在不减少任何社会成员福利的同时，增进至少一个人的福祉。通俗地讲，不损人而利己就属于帕累托效率；增加某些人的利益而损害另外一些人的利益，就不是帕累托效率。帕累托效率可以在资源闲置或市场失效的情况下实现。在资源闲置的情况下，一些人可以生产更多并从中受益，但又不会损害另外一些人的利益。在市场失效的情况下，一项正确的措施可以通过减少福利损失而使整个社会受益。

②公平原则。

从社会总福利的角度来说，帕累托效率是资源配置的一种理想状态，但是也有人认为将效率作为评价经济发展水平的唯一标尺和社会价值的唯一取向是不合适的。因为在极少数人占有绝大多数财富的社会经济框架下，尽管分配极度不均，还是可能存在帕累托效率，显然这不是令人满意的资源配置结果。因此，有必要引入判定社会福利水平的另一个标准——公平。

然而，公平是一个备受争议的价值命题。公平是对于分配而言的，是一种主观性、不确定性概念，对于资源配置来说，如果没有任何人对他人的消费产生妒忌，这种分配就是公平的①。如何界定社会公平并寻求有效的实现路径是一个亟待解决的现实课题。党的十八大提出了"权利公平、机会公平、规则公平"三大原则。

---

① 洪雁、何晓林：《基于帕累托最优的公平性探讨》，《科技创业月刊》2006 年第 11 期。

在西方学者看来，效率与公平这两个目标有时是相互促进的，但是更多时候确实是矛盾的。一方面，为了提高效率，有时必须忍受更大程度的不平等；另一方面，为了增进公平，有时又必须牺牲更多的效率，这就成为一个两难的选择。在数据资源配置的过程中，公平与效率的问题也比较突出。

（3）资源配置机制

人类社会对经济资源的配置方式是随着生产力的进步、经济体系的规模化和复杂化而逐步演变的。

①习惯与传统：在生产力低下的时代，人们配置资源的方式是基于经验的"习惯"和"传统"。

②市场机制：在市场经济中，资源配置的基本问题主要由一种竞争的价格制度来决定（见图 3-3）。消费者、生产者和要素所有者拥有充分的自由选择权。他们从自己的经济利益出发，分散地进行经济决策，并通过市场交换和竞争达到他们的目的并调整他们的行为。

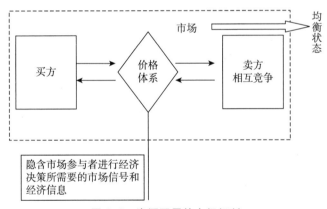

图 3-3　资源配置的市场机制

资料来源：笔者自制。

③政府机制：主要是由政府做出有关生产和分配的决策（见图 3-4）。政府通过对社会经济体系中相关信息的收集与整理，详细了解社会福利状况以及社会需求与供给，从而根据一定的原则和方法来制定一整套计划方案，确定经济资源在时间、空间、产业等多个维度的分布。

④产权机制：通过调整和明晰产权优化资源配置（见图 3-5）。对于某种资源来说，不同的产权界定可能会带来不同的后果。外部效应导致市

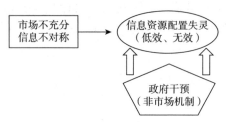

图 3-4　资源配置的政府机制

资料来源：笔者自制。

场自动调节机制的失灵，从而引起资源配置的低效。对于这个问题，传统的经济学理论认为应当由政府出面进行干预。美国知名产权经济学家罗纳德·哈里·科斯（Ronald Harry Coase）则提出了相反的观点。科斯认为，外部效应从根本上说是产权界定不够明确或不恰当而造成的，所以政府无须用税收、补贴、管制等方法试图消除社会收益（或成本）与私人收益（或成本）之间的差异，政府只需适当地界定并保护产权，没有政府直接干预的市场也可以解决外部效应问题，随后产生的市场交易能自动达到帕累托效率。在这个原则下，接下来的问题是：当产生外部效应时，究竟哪一方应该拥有资源的产权？科斯在 1960 年发表的《社会成本问题》（The Problem of Social Cost）一文中提出了一个知名的论点，即无论哪一方拥有产权都能带来资源的有效配置。双方之间的谈判（bargain）和交易会带来资源的最有效利用，这就是科斯定理（Coase Theorem）。

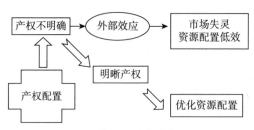

图 3-5　资源配置的产权机制

资料来源：笔者自制。

3.5.2　数据资源配置

2019 年，党的十九届四中全会提出："要鼓励勤劳致富，健全劳动、资本、土地、知识、技术、管理和数据等生产要素按贡献参与分配的机制。"

数据作为生产要素参与分配，从某种角度可以看作技术参与分配在逻辑与发展趋势上的一个延续，有着深远的意义。数据从技术中独立出来，成为单独要素。

（1）数据资源配置的含义

目前，还没有数据资源配置（Data Resource Allocation）的统一定义。根据资源配置理论，数据资源配置可理解为通过市场机制、政策调控或技术手段，将数据这一新型生产要素在不同主体、领域或场景中进行合理分配和高效利用的过程。其核心目标是最大化数据的价值创造能力，同时平衡效率、公平、安全与隐私保护等多元目标。

数据与土地、劳动力、资本、技术等传统要素不同，具有非竞争性（可无限复制）、非排他性（难以独占使用）和网络效应（越共享价值越大）。数据资源的价值需要通过整合、分析和应用释放，如通过人工智能模型训练、商业决策支持等。

数据资源配置需要解决以下 3 个核心问题。

①产权界定问题。数据所有权、使用权、收益权模糊，如个人数据归属个人还是企业？政府数据如何开放？

②市场机制建设问题。当前我国数据交易市场不成熟，定价困难，数据价值释放依赖场景，难以标准化。

③外部性问题。数据滥用可能引发隐私泄露、算法歧视等社会问题；而数据共享不足则会导致数据孤岛，抑制创新。

因此，数据资源配置过程"不仅取决于专业和行业领域的合作程度，而且取决于全社会的支持与协调程度"[1]。

（2）数据资源配置的层次

基于资源配置的范围、主体和目标，数据资源配置可分为宏观、中观、微观 3 个层次。每个层次关注的问题、参与主体和配置机制不同，但相互关联，共同构成数据要素市场化的完整体系。

首先是宏观层次：国家与全球视角。

核心目标：确保数据资源的战略性布局、国家安全、国际竞争力及公共福祉的最大化。

---

[1] 裴成发：《信息资源管理》，科学出版社，2008。

关键问题有以下几个。

①数据主权与跨境流动：如何平衡数据开放与国家安全（如欧盟 GD-PR 限制数据出境，《中华人民共和国数据安全法》明确重要数据本地化）。

②公共数据开放：政府如何将公共数据（如气象、交通、政务数据）向社会开放以促进创新。

③全球数据治理规则：参与国际数据规则制定（如世界贸易组织电子商务谈判中的数据跨境流动条款）。

参与主体：国家政府、国际组织（如联合国、世界贸易组织）、跨国企业。

配置机制：立法（如《中华人民共和国数据安全法》《中华人民共和国个人信息保护法》）、国际合作协定、国家数据战略（如"东数西算"）。

其次是中观层次：行业与区域视角。

核心目标：推动行业内部或区域内的数据共享与协同，打破数据孤岛，提升行业效率。

关键问题有以下几个。

①行业数据标准：制定统一的数据格式与接口标准（如医疗行业的 HL7 标准、金融业的 FIX 协议）。

②数据交易市场建设：建立行业或区域性数据交易平台（如贵阳大数据交易所、上海数据交易所）。

③数据垄断与公平竞争：防止头部企业通过数据壁垒压制中小竞争者（如欧盟《数字市场法案》要求大型平台共享数据）。

参与主体：行业协会、地方政府、龙头企业、数据交易所。

配置机制：行业联盟（如汽车行业共享自动驾驶数据）、区域性数据枢纽（如粤港澳大湾区数据流通试点）、政府主导的产业数据平台（如工业互联网标识解析体系）。

最后是微观层次：企业与个人视角。

核心目标：实现组织内部或个人数据的价值挖掘与合规利用，提升决策效率。

关键问题有以下几个。

①企业内部数据治理：如何整合分散在各部门的数据（如 CRM 系统与供应链系统的数据打通）。

②个人数据权益：用户对自身数据的控制权（如欧盟 GDPR 赋予个人

的数据可携带权、删除权）。

③数据安全与隐私保护：企业如何通过技术手段（如差分隐私、联邦学习）合规使用数据。

参与主体：企业、个人、数据服务商（如云计算公司、数据分析公司）。

配置机制：企业数据中台建设、用户授权协议（如 App 隐私条款）、数据资产化（如将数据纳入企业资产负债表）。

数据资源配置 3 个层次间存在互动关系。首先是自上而下的传导关系，如宏观政策（如数据跨境规则）直接影响中观行业的数据流通模式（如跨境金融数据合规），进而约束企业微观操作（如调整数据存储架构）。其次是自下而上的反馈关系，企业技术实践（如隐私计算）可能推动行业标准更新（如中观层制定隐私计算技术规范），最终影响国家政策（如宏观层支持隐私计算技术研发）。最后是协同优化关系，如国家"东数西算"工程（宏观）需要区域数据中心（中观）与企业算力调度（微观）协同实现资源优化。

总之，数据资源配置的层次划分体现了从战略到落地的系统性思维：宏观层明确"规则与方向"，中观层实现"协同与流通"，微观层促进"执行与落地"。各层次需通过政策、技术、市场的联动，实现数据要素在全社会的高效、公平、安全配置。

（3）数据资源配置的三维理论模型

由于数据的特性及数据资源配置的复杂性，数据资源配置需要考虑经济性、公平性和安全性 3 个基本问题，因此形成了数据资源配置的三维理论模型，也称为数据资源配置的 3 个维度。根据图 3-6，数据资源配置涉及微观（Ⅰ）、中观（Ⅱ）和宏观（Ⅲ）3 个视角，每个层次都涉及经济性、公平性和安全性 3 个基本问题[1]。

（4）数据资源配置的手段

①经济手段。

经济手段指国家或经济组织利用价值规律和物质利益原则影响、调节和控制社会生产、交换、分配、消费等方面的经济活动，以实现国民经济和社

---

① 赵生辉：《政府信息资源配置的三维理论模型》，第六届信息化与信息资源管理学术研讨会，武汉，2009。

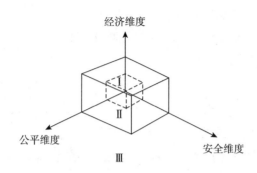

图 3-6　数据资源配置的三维理论模型

资料来源：笔者自制。

会发展，包括价格、税收、信贷、工资、奖金、汇率等。管理者运用各种经济杠杆的利益诱导作用，促使数据资源开发利用机构从经济利益上关心自己的活动，是一种间接组织协调和控制数据资源开发利用活动的手段。

②法规手段。

法规手段指用以协调数据资源开发利用活动的各种法律规范的总称。管理者依靠国家政权，运用法规来调整数据资源开发利用各机构及各环节之间错综复杂的关系，维护数据资源开发利用活动的正常秩序。如《中华人民共和国网络安全法》《中华人民共和国数据安全法》《中华人民共和国个人信息保护法》《关于构建数据基础制度更好发挥数据要素作用的意见》等。

③行政手段。

行政手段指管理者采取命令、指示等形式来直接控制和管理与数据资源配置有关的各种经济活动。

拓展阅读

济南市加快数字经济发展　推动数据要素市场化配置改革

数据作为第五大生产要素，是数字时代的基础性、战略性资源，已成为发展新质生产力、驱动数字经济发展的重要引擎。2024 年 7 月，济南市人民政府办公厅出台了《济南市推动数据要素市场化配置改革加快数字经济发展行动方案（2024—2025 年）》，明确了济南市推动数据要素市场化配置改革的总体要求和工作目标，确定了组建数据要素流通服务中心、开展数据要素产权登记、推进公共数据授权运营等 10 个方面的重点工作任务。

构建完善数据生态。2024 年上半年，济南市相继组建成立了济南大数据公司和济南市大数据协会，进一步完善了数据要素工作载体。依托济南大数据公司，组建济南市数据要素流通服务中心，已初步建成并上线试运行，融合数据登记、数据交易、数商入库、数据要素第三方服务等功能，将成为济南市面向企业和社会提供数据要素全流程服务的总门户。

探索开展数据登记。早在 2021 年，济南市就印发了《济南市数据资源登记与流通暂行办法》，建设开通了济南市数据资源登记平台，面向市属国有企业开展了数据资源登记试点。2024 年，依托济南市数据要素流通服务中心，整合数据资源登记平台相关功能，按照数据产权结构性分置的要求，持续探索数据资源、数据产品和数据资产登记，开发公共数据资产登记功能，支撑行政事业单位数据资产登记和建档入表。

全面推进授权运营。2023 年 10 月，济南市在全国率先出台《济南市公共数据授权运营办法》，创新打造"综合授权+分领域授权"模式，建设上线公共数据授权运营平台，梳理了 500 余项可运营的公共数据资源，上架了 200 余个公共数据产品，选取了 6 家运营商开展公共数据授权运营试点。2024 年 7 月，济南市大数据局会同财政、国资部门联合印发《济南市数据资产管理试点工作方案》，进一步明确行政事业单位数据资产梳理、确权、经营、收益分配的管理闭环，推进公共数据资产化管理，同步开展济南市第一批公共数据授权运营单位的公开遴选，共收到 58 家企业申请。截至 2024 年 9 月，济南市公共数据授权运营平台已入驻 9 家运营单位和 29 家数据应用单位，70 余款数据产品已实现交易并落地应用场景，累计交易 768 笔，交付数据 718 万条。

加快完善数据基础设施。围绕促进数据要素流通交易，积极谋划建设城市数据网、城市区块链平台和城市可信数据空间等数据基础设施，为数据流通交易提供低成本、高效率、可信赖的流通环境。目前，城市区块链平台已形成建设方案并征求有关部门意见；政务领域可信数据空间已基本建设完成并投入试运行，已在金融服务、医疗健康、社会治理等方面开展了多个场景建设，并为公共数据授权运营工作提供有力支撑。

持续提升算力支撑水平。围绕推进超算、智算、边缘计算多元协同及

算网、算能、算智、算数融合发展，济南市已建成 33 家数据中心，其中 25 家数据中心获评省 3A 级以上新型数据中心。截至 2024 年 9 月，全市算力总规模达到 2940 PFlops，其中智能算力 2607 PFlops、超算算力 74 PFlops，智能算力占比超过 88%。由济南城投投资建设的济南人工智能算力中心已于 2024 年 7 月正式投产运营，算力规模达 1000 PFlops，是省内首个突破 E 级的高性能智算集群。

积极培育数商生态。研究制定技术型、服务型、应用型、资源型数商标准，组织开展济南市数商企业入库培育，起草《济南市数商企业入库实施细则》并完成征求意见。围绕数据要素产业开展精准招商引资，积极对接央企、国企数科公司和行业头部数据企业，推动项目加快落地。加强与中国移动梧桐大数据等数据要素头部平台的对接合作，积极培育济南市数商生态。持续推进企业数据资产入表，截至 2024 年 9 月，济南市已有 16 家企业实现数据资产入表，合计入账金额超过 3200 万元，数据资产评估价值超过 2.8 亿元。济南能源、济南公交等企业实现数据资产融资，合计融资（授信）5100 万元。

推动数据要素产业集聚发展。围绕建强数据要素产业载体，谋划"4+N"数据要素产业发展布局。建设济南中央商务区、济南中央科创区、济南国际医学中心、济南智想城科创产业园 AI 智园 4 个"数据要素产业核心区"，面向各区县（功能区）开展数据要素产业集聚区申报。截至 2024 年 9 月，高新区、历下区等区县已提报 15 个数据要素产业集聚区建设计划。

扎实开展"数据要素×"行动。面向工业制造、现代农业、商贸流通等 12 个重点领域，济南市大数据局会同有关部门积极打造示范应用场景，先后开展了 2 批"数据要素×"案例征集，累计征集案例和场景近 400 个。在 2024 山东数字强省宣传月活动期间，成功举办了"数据要素×"大赛山东分赛济南市选拔赛，指导有关协会先后举办了 2024 全国数据技术与应用职业技能竞赛等赛事，开展了优秀首席数据官评选活动，进一步激发了企业数据应用创新活力。

促进大模型创新发展。积极打造"大模型创新工厂"，面向企业提供智能算力、数据标注、模型训练、产品开发等服务，线上服务门户已上线试运行。持续拓展"海若"等大模型应用，加强与"九天"等大模型的对接合作，积极落地更多应用场景。针对人工智能领域潜在的数据、算力、算法分散等数字化转型隐性壁垒，推动数据、算力、算法的全要素融合，建设"数算法"全要素融合调度服务平台，支持企业开发行业模型与小模型，以技术创新驱动生产效率提升，助力企业数字化、智能化转型。

积极完善相关政策。公布实施《济南市数据资产入表数据要素券发放活动实施细则》，将通过发放数据要素券等方式支持企业数据入表，向实现数据首入表的企业发放 2 万元财政补贴。依托"泉慧企"平台上线数据要素券专区，开展数据资产入表第三方服务商征集并启动数据要素券发放工作。印发实施《关于建立数据官制度的实施意见（试行）》，在全市党政机关、企事业单位和市属高校全面构建数据官工作体系，为推进济南市数据要素市场化配置改革提供坚实的制度保障。

（资料来源：新华网，2024 年 8 月 30 日）

本章思考题

1. 为什么说数据资源（产品）是准公共物品？

2. 数据价值共创理论主要有何应用？

3. 数据要素的配置方式主要有哪些？

4　数据生命周期管理

数据生命周期管理（Data Lifecycle Management，DLM）是指对数据从产生到消亡的整个过程进行有效的管理，确保数据在其生命周期的每个阶段都能被妥善处理、存储和使用，旨在提升数据的使用效率，提高数据安全性并降低管理成本。

4.1　数据生产

在数字时代，每一个人都是数据的生产者。社交媒体平台上的留言评论、用户软件里的注册信息、智能家居的生成数据……不经意间，我们主动或被动地生产着数据。数据生产的主体可分为从事专职工作的数据生产人员以及不经意间产生数据的社交媒体平台用户等群体。数据生产是数据生命周期管理的起始阶段，涉及数据的生成与创建，尤其是对于主动生产数据的群体而言，数据生产的总目标是获取高质量、准确、及时的数据，以支持业务决策和运营，提升组织的战略能力。

4.1.1　数据生产的来源

数据可以通过多种方式产生，不同的业务场景以及需求对生产方式的要求有所不同，主要分为人工输入、自动生成。

（1）人工输入

人工输入是一种传统的数据生产方式，主要依靠工作人员将信息手动输入计算机系统。虽然现在的数据大多由计算机生成，但这种方式在一些特定的场景下仍然广泛应用，如调查问卷的填写、纸质文档的数字化录入等。人工输入相对于其他方式更为灵活，但效率较低且容易出现人为错误，无法满足大规模数据处理的需求。

（2）自动生成

随着信息技术的发展，自动生成逐渐成为数据生产的主流方式。自动生成的数据并不是凭空捏造，而是基于已有的事件或者数据。例如，电子商务平台的订单数据基于用户下单信息自动生成；复杂研究中的仿真数据是基于已有数据利用数学模型生成的替代数据。这类数据流量大、效率高、速度快，但也面临质量低的问题。

4.1.2 数据生产的原则

数据生产基于某种特定的目标或要求，因而需要遵循一定的原则，以最低的成本创造出最具效用价值的数据。

（1）数据质量原则

数据质量是数据生产的重要指标，对数据的利用起着决定性作用，包括数据的准确性、完整性、一致性、规范性和及时性。其中，数据的准确性是数据生产的首要原则。准确无误的数据是保证后续分析和应用结果可靠性的基础。为了确保数据的质量，组织在生产数据的过程中可以制定清晰的数据输入标准以及格式要求，提高数据的标准性与一致性，方便数据的后续利用。此外，生产数据时需要及时进行错误检测，及时发现和纠正错误，可借助自动化检测机制对输入数据以及自动化数据进行实时监控。当然，仅仅依靠机器检测是不够的，还需要建立数据审核机制，对重要数据进行人工复核，进一步提高数据的准确性和完整性。

（2）可追溯原则

可追溯原则注重追踪数据的源头以及生成过程。这一原则确保了数据的透明性与可靠性，使在使用数据的过程中遇到的问题能够相对容易地被追溯乃至解决。首先，要详细记录数据的来源信息，包括数据的产生时间、地点、采集方式、提供者等。其次，从数据创建到收集的过程会出现数据删改等情况，所以需要建立数据处理日志，对生产数据的过程进行详细的记录，尤其是数据创建、转换、修改等操作的时间、人员、内容等信息，以便数据可以恢复至原始状态。

（3）安全性原则

数据泄露和网络攻击事件的频繁发生，意味着保护数据的隐私和安全

已经成为组织和个人面临的严峻挑战。数据生产过程中的安全性至关重要，特别是在涉及敏感信息和个人数据的情况下。对于个人而言，需要提高自身的数据素养，在填写某些数据时注意隐私安全，最好学习相关的计算机技术或者委托有关组织保护自身数据。对于组织而言，主要是进行数据访问的控制，升级加密技术，完善安全防护体系。

4.2　数据采集

数据采集是数据生命周期管理的关键环节，是指从各种数据源收集、获取数据的过程。这些数据源多种多样，可以是传统的数据库、文件系统，也可以是网页、传感器、社交媒体平台等。通过数据采集，将分散在各处的原始数据集聚，目的是为后续的数据分析和处理提供基础数据。数据采集方法多种多样，具体选择取决于数据的性质、来源及采集的目的。以下将介绍数据采集的常用方法。

4.2.1　量化数据采集

（1）问卷调查[①]

问卷调查是通过设计一系列结构化问题来收集数据的方法。问题类型包括单选题、多选题、填空题、简答题等，可根据调查目的和数据需求灵活选择与组合。问卷调查一般通过在线平台（如问卷星、腾讯问卷等）或线下纸质问卷的形式开展。在线平台能够便捷地收集、整理乃至初步分析数据，还能实时监控问卷回收进度；线下纸质问卷则适用于特定场景（如针对老年人群体或网络不发达地区），方便直接观察受访者填写问卷的情况，辅助判断问卷的质量。问卷适用于大规模的数据采集，能够快速获取用户的基本信息、意见和态度，适用范围广，成本低。

（2）传感器数据采集[②]

随着物联网技术的发展，传感器数据采集成为一种重要的量化数据采集

---

① 余肖生、陈鹏、姜艳静编著《大数据处理：从采集到可视化》，武汉大学出版社，2020。
② 张莉主编、中国电子信息产业发展研究院编著《数据治理与数据安全》，人民邮电出版社，2019。

方式。传感器通常通过内置的数据采集模块将模拟信号转换为数字信号，并按照设定的时间间隔或触发条件进行采集。由于传感器在实际应用中可能受到环境干扰、设备故障等因素影响，采集的数据会存在噪声、异常值等问题。因此，在数据存储前需进行预处理，包括数据清洗、数据滤波、数据校准等。传感器数据采集广泛应用于智能家居、智慧城市等领域，为环境监测、资源管理等提供了有力支持，具有高精度、实时性、自动化的优点。

4.2.2 质化数据采集

（1）访谈

访谈是一种通过与目标用户以"一对一"或小组讨论的方式进行对话，深入了解用户需求及体验的方法。根据访谈的结构程度，可分为结构化访谈、半结构化访谈和非结构化访谈。结构化访谈有特定的访谈提纲和问题顺序，适用于对特定问题进行深入研究，能够保证访谈结果的一致性和可比性；半结构化访谈则在预先准备问题的基础上，允许访谈者和受访者在一定范围内自由交流，兼具结构性和灵活性，有助于探索新的话题和观点；非结构化访谈几乎不预设问题，访谈者与受访者围绕主题进行自然对话，可深入了解受访者的真实想法和感受，但访谈结果的分析难度相对较大。访谈能够获取深入、细致的信息，但样本量相对较小。

（2）焦点小组[①]

焦点小组是将多个受访者集聚在一起，由主持人引导讨论，以便获取某一群体对某一主题的观点。在焦点小组讨论的过程中，主持人需要在提出问题之后，对参与者分享经验和看法等行为进行规范与引导，促进参与者之间的互动交流，使正常讨论不远离焦点并积极有效。焦点小组具有高度的自由性、灵活性，发起者常常会获得意想不到的数据或者预期之外的发现，适用于探索性研究。然而，焦点小组的结果可能受到群体动力学的影响，需要谨慎解读。

（3）观察法

观察法是通过观察用户在特定场景中的行为来获取数据的方法。观察

---

① 张蒂：《非熟练用户对于两种资源发现系统的体验分析——基于焦点小组的调研》，《图书馆工作与研究》2014 年第 1 期。

可以是参与式的（研究者作为参与者的一部分），也可以是非参与式的（研究者保持独立）。根据观察的环境和方式，可分为自然观察法和实验观察法。自然观察法是在自然环境下对用户的行为进行观察，不干预用户的正常活动，能够真实反映用户在实际情境中的行为表现；实验观察法则是在受控的实验环境下进行观察，研究者可操纵某些变量，观察其对用户行为的影响。观察法能够真实反映用户的行为模式和情境因素，但数据量较大且处理复杂。

4.2.3　线上数据采集①

（1）网络爬虫

网络爬虫是按照预设的规则和算法，从互联网上自动抓取网页信息的工具。网络爬虫的工作原理是基于 HTTP 协议，通过发送请求获取网页的 HTML 代码，解析代码并提取所需的数据。网络爬虫的技术架构包括调度器、下载器、解析器、存储器等模块。调度器负责管理 URL 队列，根据一定的策略安排页面的抓取顺序；下载器负责向目标网站发送请求并下载页面内容；解析器用于解析下载的页面，从中提取数据并生成新的 URL；存储器则将提取的数据存储在本地数据库或文件系统中。在进行网络爬虫的时候可能会遇到反爬虫机制，可以通过使用代理服务器等方式应对。当然，在使用网络爬虫时，需遵守相关的法律法规，尊重网站的版权和隐私政策。

（2）日志分析

计算机系统和应用程序在运行过程中会产生大量的日志信息，包括系统的运行状态、用户操作行为等。日志分析是指对网站、应用程序或设备生成的日志数据进行分析，以获取用户的行为轨迹和活动模式。通过专门的日志采集工具收集、存储日志信息，采用统计分析、关联分析、序列模式挖掘等方法分析数据，揭示用户的活动规律和行为模式。

（3）社交媒体平台数据挖掘

社交媒体平台拥有庞大的用户群体和丰富的数据资源。用户在社交媒体平台上做出的发布内容、点赞、评论、分享等行为都会产生大量的数据，这

---

① 王朝霞主编《数据挖掘》（第 2 版），电子工业出版社，2023。

些数据反映了用户的兴趣爱好、消费习惯、社会观念等信息。社交媒体平台数据挖掘是通过 API 或数据挖掘技术，如文本分析、情感分析、关联规则挖掘等，提取和分析社交媒体平台上的用户互动和评论数据等信息，洞察用户的需求和市场趋势。

4.3　数据加工

数据加工是指对原始数据进行处理、转化和分析，使之成为有价值的信息的过程，不仅包括数据清洗和转换，还涉及数据的整合、分析等多个步骤。

4.3.1　数据清洗[①]

数据采集完成后便进入数据清洗阶段。数据清洗是数据加工的基础环节，其主要目的在于确保数据的准确性与完整性，需要剔除数据中存在的错误、重复或格式不符的部分。此阶段着重提升数据质量，具体工作如下。

重复数据的检测与删除：这是基本的步骤，除去冗余的数据，提高数据的精简程度。通过运用数据查重算法识别数据集中存在的重复记录，并根据相关要求删除或保留这些重复项。

缺失值处理：首先确定数据集中缺失值的位置与范围，其次依据数据特点与分析要求选择合适的处理方式。对于某些关键属性缺失的情况，若缺失比例较低，可以考虑删除包含缺失值的记录；若缺失比例较高且变量之间存在一定相关性，可采用均值填充、中位数填充或利用预测模型进行补全，以保证数据的完整性与可用性。

数据格式标准化：统一各类数据的格式规范，如将日期格式统一为"YYYY-MM-DD"等。这有助于提高数据的一致性与可比性，避免格式差异导致的数据处理错误与分析偏差。

---

① 余肖生、陈鹏、姜艳静编著《大数据处理：从采集到可视化》，武汉大学出版社，2020。

4.3.2　数据转换

经过清洗的数据进入转换阶段，主要包括数据类型的转换、编码方式的统一、单位制的标准化等内容。在进行数据转换时，尤其要注意数据的一致性和准确性，以免引入新的错误或偏差而降低数据的准确度。此外，数据转换还要充分考虑目标分析工具以及应用平台的特定要求，以确保数据能够被正确读取和处理。主要任务如下。

数据类型转换：根据数据分析工具与模型的需求，将数据从一种类型转换为另一种类型。这一步骤在预处理中至关重要，因为不同的分析工具和模型对数据类型有特定的要求。例如，深度学习模型通常需要浮点数类型的数据以确保计算的精度和稳定性。只有将数据转换成计算机可以识别并处理的类型，数据分析与利用等工作才能开展。

数据编码：对于不同类别的数据，通过合理的编码方式将其转换为数值型数据。常见的编码方法有二进制编码、十进制编码、字符编码；对于多媒体数据，采用专门的编码算法将图像、音频、视频数据转换为数字信号，常见的有 JPEG 图像编码、MP3 音频编码、H.264 视频编码等；对于类别型数据，常用的编码方式有独热编码、标签编码、顺序编码等。数据编码作为数据转换的关键环节，不仅确保了信息的准确传递，还提高了数据处理的效率。

4.3.3　数据整合[①]

数据整合是将不同来源的数据进行合并和匹配的过程，以形成一个统一、一致、可利用的数据集。这对于打破数据孤岛、提升数据价值、提高数据使用效率具有重要意义，而且可以降低企业或组织的数据利用成本，提高整体竞争力。数据整合主要通过以下方式进行。

数据库连接：建立不同数据库之间的关联通道，以实现数据的相互访问和连接。在实际应用中，组织需要使用多个不同类型的数据库，如关系型数据库、非关系型数据库等，借助合适的数据库连接技术和工具，可以

---

① 葛继科、张晓琴、陈祖琴编著《大数据采集、预处理与可视化》（微课版），人民邮电出版社，2023。

将不同数据库中的数据按照一定的规则和条件进行整合，形成服务自身系统的数据库。

数据汇总：数据汇总是将不同来源、不同格式的数据进行集中收集、整理和合并的过程，旨在获得更加全面、综合的信息。

数据匹配：数据匹配是基于特定的关键字段或属性，将来自不同数据源的数据进行配对的过程。其目的是确保数据的一致性和完整性，避免数据的重复、冲突和错误。在实际应用中，数据匹配是构建高质量数据集的关键环节之一。

4.3.4　数据分析[①]

数据分析是指采用 Excel、SPSS、Matlab 等工具对整合后的数据进行分析，以最大限度地发挥数据的功能、释放数据的价值。主要分为以下几种。

描述性统计分析：这是数据分析的基础，主要用于对数据的基本特征进行概括与描述。通过清晰的图表与简洁的统计量呈现数据的基本特征，如集中趋势、离散程度与分布形态等，让复杂的数据变得直观易懂，帮助人们快速了解数据的整体情况。此外，它为深入的数据分析奠定坚实基础，无论是探索性数据分析中对变量关系的初步探寻，还是验证性数据分析中对假设的严格检验，都离不开描述性统计分析所提供的数据基础与背景信息。描述性统计分析是数据分析流程中不可或缺的重要环节。

探索性数据分析（Exploratory Data Analysis，EDA）：强调在没有假设的前提下，通过对数据的可视化探索与统计分析，发现数据的潜在模式与关系，有助于提供新的见解和思路。通过对多种可视化工具和统计方法的综合运用，快速分析数据的结构、分布以及变量之间的相互作用，从而为后续更有针对性的数据分析提供明确的方向，是数据探索过程中富有创造性和启发性的重要环节。

预测性数据分析：预测性数据分析是指运用统计、机器学习等方法，对历史数据进行深入挖掘和分析，构建数学模型，对未来的趋势或事件进行预测。其核心在于理解数据中的因果关系和相关性，从而对未来情况进

[①]　李诗羽、张飞、王正林编著《数据分析：R 语言实战》，电子工业出版社，2014。

行合理推断，主要包括回归分析、时间序列分析、聚类分析等。预测性数据分析能够预测未来趋势和事件，为组织在未来规划、风险评估、用户管理等方面提供关键决策依据，助力优化资源配置。

4.4 数据存储

数据存储是指将数据以某种形式存储在某种介质上，以便后续访问、使用和管理。在保证数据安全性、完整性和可用性的前提下，数据存储的目的是尽可能提高存储效率和访问速度。良好的数据存储策略能够确保数据在整个生命周期中保持高度的可获得性。

4.4.1 数据存储的分类

（1）本地存储

数据直接存储在企业或组织内部的服务器或存储设备上，便于实现快速访问和控制，但需自行进行硬件维护和数据安全管理。常见的本地存储设备包括磁带、硬盘驱动器（HDD）、固态硬盘（SSD）等。磁带以其高存储密度、低成本和长期稳定性，成为海量数据归档的理想选择；硬盘驱动器适用于需要较大存储空间且对读写速度要求不高的场景；固态硬盘凭借其卓越的读写性能和低延迟特性，成为高性能计算和实时数据处理的首选存储介质。

（2）云存储

由第三方服务提供商提供的在线存储服务，具有高度的可扩展性、灵活性和成本效益，适合中小企业和需要远程访问的应用。云服务提供商通常提供多种存储类型，如标准存储、智能分层存储、归档存储、冷存储等，每种存储类型的成本和性能特点各有不同。企业或组织可根据数据的特性和使用频率选择合适的存储类型。

（3）分布式存储

分布式存储是一种将数据分散存储在多台独立的设备上，并通过网络将这些分散的存储资源整合至一个虚拟存储设备的技术。它允许企业利用多台普通服务器分担存储负荷，提高系统的可靠性、可用性和存取效率，同时易于扩展，能够满足大规模数据存储的需求。在数据存储阶段，分布式存储提供了可靠的数据持久化和保护机制，能够防止数据丢失和损坏，保障数据的安全性和可用性，还可以对数据进行统一的管理和组织，方便数据的检索和利用。

4.4.2 数据存储的方法

（1）数据分类

数据分类是指对具有相同属性或特征的数据进行归集，形成不同的类别，从而建立起一定的分类体系和排列顺序，以便数据的查询、识别、管理、保护和使用等。

数据分类是存储策略的基础，企业应该根据数据的重要性、敏感性和使用频率将数据分为不同的类别，包括核心数据（对业务运营至关重要的数据）、敏感数据（含有个人信息或商业机密的数据）、冷数据（使用频率低但需要长期保存的数据）等。通过对数据进行分类，企业或组织可以选择最佳的存储介质和管理方式，在考虑经济成本的同时，提高数据存储效率以及数据安全程度。

（2）数据备份与恢复

数据备份是指将数据复制到不同的存储介质或位置，以防止原始数据丢失或损坏的过程。备份可以定期或不定期进行，以确保在数据丢失或损坏时能够恢复数据。数据恢复是指在数据丢失或损坏后，使用备份文件还原原始数据的过程。恢复过程通常需要一定的时间和计算资源，具体取决于备份的大小和复杂性。

根据备份策略，数据备份主要分为全量备份、增量备份、差异备份。全量备份是每次备份整个系统或数据库的所有数据。这种备份方式简单直接，但备份时间长、占用空间大，通常适用于数据量较小或对备份时间要求不高的情况。增量备份是只备份自上次备份以来发生变化的数据。增量备份可以节省存储空间和备份时间，但在恢复数据时需要依次应用多次备份，恢复过程相对复杂。差异备份是备份自初始备份以来发生变化的数据，介于全量备份和增量备份之间。差异备份比增量备份恢复速度快，但备份数据量比增量备份大。

（3）数据加密与安全

数据加密技术是指将原始数据（明文）通过一定的算法转换成无法被

轻易解读的密文，从而保护数据在传输和存储过程中的安全。只有掌握了解密算法和密钥，才能将密文还原成原始数据。

数据存储过程中必须考虑数据的安全性，尤其是在存储敏感和重要数据时。采取适当的加密措施可以防止数据在传输或存储过程中发生未授权访问、恶意篡改等问题。常见的加密方式包括3种。第一种是对称加密，使用相同的密钥进行加密和解密，其优点是速度快，适合大量数据的加密；缺点是密钥管理困难，密钥需要在通信双方之间安全地共享。第二种是非对称加密，使用一对密钥，即公钥和私钥，公钥用于加密数据，私钥用于解密。其优点是安全性高，密钥管理相对简单，公钥可以公开；缺点是计算复杂，加密速度相对较慢。第三种是混合加密，结合了对称加密和非对称加密的优点，在实际中先使用对称加密算法对数据进行加密，然后使用非对称加密算法对对称加密的密钥进行加密，这样可以在保证安全性的同时提高加密的效率。

4.5 数据传播

正如信息一样，数据自产生开始会源源不断且直接或间接地流向利用者，形成数据传播行为。数据传播是指数据在不同主体（如个人、组织、国家等）之间传递和共享的过程。数据传播不仅发生在组织内部，促进内部各部门之间的信息流通以及协同工作，而且广泛存在于组织与外部环境之间，如与客户、供应商、合作伙伴等外部实体的数据交换和共享。一般来说，数据传播是由数据持有方传送给数据使用方，并且是数据持有方基于组织宗旨的有目的的行为。数据传播主要通过以下渠道进行。

（1）网络传输

网络是现代数据传播的主要渠道之一。网络传输是指通过计算机网络将数据从某个服务器传输到目标服务器的过程。网络传输的方式分为有线传输（如以太网、光纤等）和无线传输（如Wi-Fi、蓝牙、移动通信网络等）。网络传输能够使数据跨越地理障碍，实现实时或同步的共享和交流。通过互联网和局域网，组织或个人可以在全球范围内快速传播数据，打破时间和空间的限制以实现数据的共享。网络传输的优点在于其高效性和灵活性，能够支持各种规模的数据传播需求。然而，随着网络技术的发展，出现了越来越多的传输漏洞，网络传输面临安全性和可靠性的问题。

（2）应用程序编程接口[①]

应用程序编程接口（Application Programming Interface，API）是实现不同软件系统之间数据传播的重要方式。API 定义了软件组件之间如何通信的规则和协议，充当不同软件间的桥梁，允许应用程序使用另一个应用程序的功能或数据。其工作原理是客户端向服务器发送请求，服务器接收到请求后根据 API 的定义处理请求，并将处理结果以响应的形式发送回客户端。API 的优点在于其灵活性和可扩展性，能够适应快速变化的数据需求。通过 API，系统可以交换数据和指令，实现数据访问、服务集成和异构系统交互等功能。而且 API 将不同的系统和应用程序集成，能够提供无缝连接的用户体验，也使维护和更新更加容易。

（3）数据中介与数据服务

数据中介与数据服务是为了解决不同组织间存在的数据传播问题而设计的方案。在数据利用的过程中，由于传输不便、权限限制、数据异常、群体差异等问题，数据无法直接有效地由数据生产方传送给使用方，这时候就需要第三方——数据中介的介入。此外，通过建立数据服务层，组织可以实现高效的数据传递与共享。例如，数据虚拟化技术可以将分布在不同源的数据整合到一个虚拟层，用户可以像查询单一数据源一样访问数据。这一系列中介层技术大大提高了数据传播的灵活度和效率。

4.6　数据利用

数据利用是指组织在特定的业务中，通过相应的技术手段和方法，对数据进行处理、分析和应用，以便为决策提供依据、提升工作效率以及创造价值的过程。数据利用不是单纯地访问和读取数据，还包括对数据的分析、挖掘和应用。对数据利用的程度决定着数据实际价值的转换与实现程

[①] 许暖、郑瑞刚、蔡宇进：《应用程序编程接口安全管理技术探究》，《网络空间安全》2023年第4期。

度，通过某种具体的数据利用方法或手段，为组织的运行、决策提供有益的帮助。

4.6.1 数据利用的方式①

数据利用的方式多种多样，随着技术的进步和业务需求的变化，新的利用方式也不断涌现。以下是几种常见的数据利用方式。

（1）数据分析

数据分析是数据利用中最基础也最重要的一种方式。数据是信息的载体，只有对数据进行分析才能获得有价值的信息。运用统计学方法和机器学习算法，对数据进行深入挖掘和分析，揭示数据背后的规律、趋势和关联。数据加工阶段与数据利用阶段的数据分析具有相似性，但在数据分析的程度上有所不同，前者倾向于整合数据，使数据表层涵盖的信息被发现；后者倾向于挖掘数据，以获得数据所蕴含的深层次信息。数据分析主要分为描述性统计分析、探索性数据分析、预测性数据分析。

（2）数据可视化

数据可视化是指将数据以图形或图像方式呈现的过程，能够帮助用户快速直观地理解复杂的数据集。通过数据可视化，组织能够将海量数据以直观的方式展示，使决策者能够更轻松地捕捉重要信息。数据可视化主要通过面积与尺寸可视化、颜色可视化、图形可视化、地域空间可视化、概念可视化等方式进行。数据可视化最初应用于军事领域，随着数据量的激增以及数据技术的进步，其应用领域越来越广泛，无论是市场趋势的分析、销售业绩的评估还是客户行为的研究，数据可视化都能提供有力的数据支持，帮助组织做出更加明智、准确的决策。

（3）实时数据处理

随着物联网和大数据技术的蓬勃发展，实时数据处理已成为当今时代备受瞩目的焦点。物联网通过数以亿计的传感器、设备和网络连接，源源不断地生成海量数据；而大数据技术则提供了强大的存储、管理和分析能力，为实时数据处理奠定了坚实基础。通过实时处理来自市场、消费者、

---

① 〔美〕劳拉·塞巴斯蒂安-科尔曼：《穿越数据的迷宫：数据管理执行指南》，汪广盛等译，机械工业出版社，2020。

供应链等环节的数据，企业能够及时捕捉市场的动态变化，如消费者偏好的转变、竞争对手的策略调整等，从而迅速做出相应的决策，提升服务质量和运营效率。

（4）数据共享与协作

数据共享是指不同主体之间分享和交换数据的过程。这些主体可以是个人、组织、企业及不同国家、地区。例如，在科研领域，研究人员将实验数据共享给同行，以促进科研的发展；在企业中，不同部门之间共享销售、客户等数据，以提高业务协同效率。数据共享具有双向性，即数据的提供者和接收者可以交换已有的数据，在降低数据成本的同时尽可能多地占有数据。数据共享的范围可大可小，可以是企业内部的小团队之间，也可以是跨国组织之间；数据共享的类型多种多样，包括文本、图像、声音、视频等。

数据协作是在数据共享的基础上，多个主体共同对数据进行处理、分析和利用的过程。它强调的是各主体之间的互动和协同，以实现共同的目标。数据协作通常涉及不同专业背景和技能的人员，所以协作过程需要建立有效的沟通机制以及明确的规则和流程，确保各主体在数据使用上的一致性和协调性。一般而言，数据协作的成果往往具有综合性和创新性，能够达到单个主体无法达到的效果。

4.6.2 数据利用的管理

（1）数据质量与数据安全

数据质量是确保数据利用的前提。高质量的数据能够提升分析和决策的准确性。数据质量管理包括数据清洗、数据标准化以及数据一致性检查等过程。组织应定期对数据质量进行评估，并采取有效的措施提升数据质量。随着数字技术的发展以及数据利用的普及，数据安全与隐私保护愈加重要。组织需要制定相应的数据安全策略，确保敏感数据的安全，同时遵守相关法律法规。

（2）数据治理

数据治理是指对数据资产的管理和控制。有效的数据治理能够为数据利用提供标准和框架，确保数据的统一性、一致性和可靠性。数据治理涉及数据标准、数据架构、数据生命周期管理等多个方面。可以通过建立数

据治理委员会，制定数据治理政策和标准，以监管数据利用的合规性。

（3）数据使用培训

为了有效提升数据利用效率，组织或平台需要加强个人或用户的数据使用培训。通过系统的培训计划，提升个体的数据分析能力和数据思维，鼓励个体主动利用数据进行决策。这不仅有助于提高业务效率，而且能激发创新思维。

（4）数据利用技术与工具的选择

数据利用技术和工具直接影响数据的处理和分析效果。合适的技术和工具能大大提升组织运营效率，助力精准决策；反之，可能导致资源浪费、信息误判，阻碍组织发展。企业在选择数据利用技术和工具时，应根据自身的业务需求和数据种类，选择合适的技术栈。例如，为了处理大规模数据集，企业可能需要采用分布式计算框架，而对于实时数据处理，则可能需要使用流处理平台。

拓展阅读

闵行区大数据中心数据全生命周期安全保护要求

为加快建立健全数据分类分级保护制度及重要数据目录管理机制，促进数据共享应用，2022 年 7～12 月，上海市委网信办会同市政府办公厅成立试点工作组，组织开展了数据分类分级、制定重要数据目录试点工作，遴选出一批试点优秀单位和试点优秀案例。以下分享闵行区大数据中心试点优秀案例——闵行区大数据中心数据全生命周期安全保护要求。

案例依托数据分类分级保护体系，围绕数据分级框架，按照数据影响及重要程度细化数据分类分级（即一般数据、重要数据、核心数据），对数据全生命周期状态进行梳理，阐述了不同的数据敏感等级以及数据使用状态，统筹规划相应数据保护策略，确保数据安全全程可控，对实现深层次的数据安全保护工作具有参考意义。

数据全生命周期安全保护要求是以数据分类分级为基础，围绕数据全生命周期强化制定的安全技术要求。"重要数据全生命周期安全保护"在"一般数据全生命周期安全保护"与"核心数据全生命周期安全保护"中起到承上启下的作用。其中，要求对一般数据加强全生命周期安全管理，对重要数据在一般数据保护的基础上进行重点保护，对核心数据在重要数据保护的基础上实施更严格的保护。数据全生命周期各阶段的安全保护要求如下。

1. 数据收集安全

在一般数据全生命周期安全保护中，要求最小够用、合理合法，并要求强化收集人员和设备的管理能力，保护数据收集安全。

围绕重要数据全生命周期安全保护，除了一般数据全生命周期安全保护要求外，还增加了数据收集前、中、后三个阶段的具体要求：收集前，业务需求层面需明确收集来源、目的、方式、数量、精度、频率、周期、范围等，收集技术层面需要采取必要的测试、认证、鉴权等措施；收集中，做好数据收集行为监测和信息记录，及时进行异常告警；收集后，对数据收集的时间、范围、类型、数量、流向、级别等信息进行审计。

围绕核心数据全生命周期安全保护，除了重要数据全生命周期安全保护要求外，还增加了对数据收集行为进行实时监控和溯源的能力要求，要求能够实时发现安全异常行为、实时终止并做好行为追踪。

2. 数据存储安全

在一般数据全生命周期安全保护中，对加密和备份进行了明确要求，同时关注"确需"和"实际情况"等关键词，衍生含义是并非所有的一般数据都要进行加密和备份。对确需加密的数据，可采用加密、数字签名、校验等技术，根据实际情况开展数据备份。

围绕重要数据全生命周期安全保护，除了一般数据全生命周期安全保护要求外，还增加了存储数据使用、存储介质、备份管理、数据恢复、安全监测等要求。存储数据使用：需进行身份识别和访问控制。存储介质：需通过安全管控、校验技术、加密技术、数字签名等手段实现数据安全存储。备份管理：增加备份冗余和备份介质的种类。数据恢复：要求全量数据备份至少每周一次，增量数据备份至少每天一次。安全监测：应具备对数据在存储过程中保密性、完整性、可用性受到破坏的监测能力，并向授权用户提供告警信息。

围绕核心数据全生命周期安全保护，除了重要数据全生命周期安全保护要求外，还强调了实时数据备份、行为实时监控的能力要求。实时数据备

份：主要对历史数据库、时序数据库、实时数据库等核心数据存储设备进行硬件冗余、异地容灾备份。行为实时监控：发现异常时及时终止数据访问、删除、修改等操作行为，并采用技术手段确保所有存储行为可溯源。

3. 数据使用加工安全

在一般数据全生命周期安全保护中，体现透明化、公平公正、行为记录及追溯的要点，如利用数据进行自动化决策的，应保证决策的透明度和公开合理；对数据挖掘、关联分析等数据使用行为进行记录。

围绕重要数据全生命周期安全保护，除了一般数据全生命周期安全保护要求外，还对数据使用授权、存储空间、数据权限管理、技术手段、记录和审计、标识进行明确要求。数据使用授权：进行授权和验证。存储空间：避免将挖掘算法产生的中间过程数据与原始数据存储于同一逻辑空间。数据权限管理：周期性检查用户操作数据的情况，统一管理数据使用权限。技术手段：采用恶意代码检测、身份识别、访问控制等技术手段，确保数据在使用加工中的环境安全。记录和审计：对数据挖掘、关联分析等数据使用行为进行记录和审计。标识：对原始数据和挖掘结果进行标识。

围绕核心数据全生命周期安全保护，除了重要数据全生命周期安全保护要求外，还增加了实时监控和行为溯源能力要求，如具备对数据使用加工行为实时监控的能力，在发现异常时及时终止数据使用加工行为，并采用技术手段确保所有数据挖掘、使用、加工、分析等行为可溯源。

4. 数据传输安全

在一般数据全生命周期安全保护中，应根据实际需求，保证数据传输安全，如密码技术、数据脱敏、校验技术、安全传输通道或者安全传输协议等。

围绕重要数据全生命周期安全保护，除了一般数据全生命周期安全保护要求外，还增加了技术层面必要时采用单向隔离传输、导入导出安全技术等要求，并在备份、传输等环节增加相关安全要求，如具备对数据传输异常的监测能力，对陌生 IP 地址、数据库异常连接等进行实时告警等；在数据导入导出过程中配备安全技术手段，降低可能存在的数据泄露等风险。

围绕核心数据全生命周期安全保护，除了重要数据全生命周期安全保护要求外，还增加了对实时监测处置、数据传输行为溯源的要求。

5. 数据共享安全

在一般数据全生命周期安全保护中，强调量化内容、落实协议，如应明确数据提供的范围、数量、条件、程序等，并与数据获取方签订数据安全协议。

围绕重要数据全生命周期安全保护，除了一般数据全生命周期安全保护要求外，还要求在数据提供过程中采取必要的保护措施，包括但不限于数据脱敏、数据标注、数据水印等。

围绕核心数据全生命周期安全保护，除了重要数据全生命周期安全保护要求外，还要求务必走审批流程。

6. 数据销毁安全

在一般数据全生命周期安全保护中，要求明确数据销毁对象、规则、流程、技术等，对销毁活动进行记录和留存。

围绕重要数据全生命周期安全保护，除了一般数据全生命周期安全保护要求外，还增加了设置人员、不可恢复原则、完全清除、上报更新等要求，如设置数据销毁相关监督人员，保证在数据被完全删除后再销毁存储介质，及时上报更新后的重要数据目录备案。

围绕核心数据全生命周期安全保护，除了重要数据全生命周期安全保护要求外，还强调了应及时上报更新后的核心数据目录备案。

（资料来源：新浪网，2023 年 5 月 16 日）

本章思考题

1. 数据采集有哪些方法？

2. 数据加工有哪些步骤？

3. 对于企业组织内部生成的数据，应该如何存储？

4. 你认为数据生命周期管理中哪个环节最重要？为什么？

5　数据质量管理

数据量的无限增加影响数据价值的体现。数据质量是在特定的环境下确保满足用户相应需求的检验数据是否存在价值的标尺，可从完整性、实时性、有效性、准确性、一致性、可访问性 6 个维度来衡量数据质量的高低。进行高效的数据质量管理，可以从数据清洁、数据集成、数据标准化等方面展开。

5.1　数据质量的含义

在数字化时代，数据已成为企业、组织乃至国家的重要资产，随着数据量的增加，杂乱甚至虚假的数据逐渐涌现，因此数据的价值及质量越发重要。随着信息技术的飞速发展及"质量"含义的演进，人们对数据质量的定义有不同的看法[①]。美国麻省理工学院（MIT）的全面数据质量管理研究小组依托"使用的适合性"概念，将数据质量定义为"数据适合数据消费者的使用"，即数据质量判断依赖使用数据的个体，不同环境下不同人员的"使用的适合性"不同。数据分析师 Redman 对数据质量的定义为：如果数据在运营、决策和规划中能够满足客户的既定需求，数据便是高质量的，客户是数据质量的最终判定者。美国国家统计科学研究所（NISS）关于数据质量研究的主要观点在于：数据是产品；作为产品，数据有质量，这个质量来自数据产生的过程；数据质量原则上可以被衡量和提升；数据质量的重要性正在提升，但不平衡；在大学里，实质上不存在将数据质量作为一个重要研究领域的认识；数据质量与环境有关；数据质量是多

---

① 蔡莉、朱扬勇编著《大数据质量》，上海科学技术出版社，2017。

维的；数据质量是多尺度的；人的因素是核心。Strong 等①认为适合使用的数据才是高质量的数据。

国内学者陈远等认为"数据质量可以用正确性、准确性、不矛盾性、一致性、完整性和集成性来描述"；周东认为"数据质量是由从数据的一致性、准确性到相关性等一系列的参数决定"；蔡莉等认为"数据质量是指在业务环境下，数据符合数据消费者的使用目的，能满足业务场景具体需求的程度"；张莉认为高质量的数据是经过"清洗"后可靠的数据②。向上认为高质量数据是指那些适合用户使用的数据③。宋立荣等认为数据质量内部概念研究分析主要涵盖两个方面。一方面，从数据实践角度衡量数据质量，通过用户角度判定，同时从数据实际生产者和管理者角度考虑；另一方面，从面向数据系统的角度开展具体评价，数据质量本身属于综合性概念，作为一个多维度的抽象概念，应该从多方面选取衡量数据质量的各项基本要素④。

根据上述学者给出的有关数据质量的定义，本书认为数据质量是在特定的环境下衡量满足用户相应需求的检验数据是否存在价值的标尺，包含两层含义。一是特定环境。相同或不同数据在不同的环境下内涵各异，一旦脱离设定的背景，数据便失去了表达的意义，其质量也无法衡量，因此"特定环境"是数据质量客观存在的尺度。二是用户需求。在特定环境下的数据仅仅代表其客观含义，若不是用户所需，数据便处于无用之地，质量问题也无从谈起，因此"用户需求"是数据质量的最终判定者。由此可知，高质量数据必须在特定环境下被赋予含义，同时满足用户的相应需求。

除数据质量外还有信息质量，对于数据质量和信息质量的概念界定，目前存在两种观点。一种认为信息质量是数据质量的延伸，从数据生产者到系统涉及数据质量问题，从系统到信息用户涉及信息质量问题，因此常用数据质量解释系统建设中的质量问题。另一种认为两者存在包含关系，

① D. M. Strong，Y. W. Lee，R. Y. Wang，"Data Quality in Context," *Communications of the ACM* 5（1997）.

② 张莉主编、中国电子信息产业发展研究院编著《数据治理与数据安全》，人民邮电出版社，2019。

③ 向上：《信息系统中的数据质量评价方法研究》，《现代情报》2007 年第 3 期。

④ 宋立荣、李思经：《从数据质量到信息质量的发展》，《情报科学》2010 年第 2 期。

数据质量是信息质量的基础。信息质量是一个包含数据质量、信息系统质量的大概念，一部分数据直接影响信息质量，它们在信息系统中只经过简单的传递，并不进行处理和转换；另一部分数据（在信息系统中进行一定处理和转换的数据）的质量则通过信息系统间接影响信息质量。数据质量和信息系统质量的相互作用共同决定了信息质量①。

　　数据质量和信息质量的区别在于以下几点。一是研究对象不同。数据质量关注的是从技术层面处理最原始记录的质量问题，如拼写错误、数据缺失、数据不一致、数据存储异常、数据冗余等。而信息质量则关注数据生产—加工—使用的过程控制，处理一些分析、评价或其他解释性数据，侧重于从内在信息价值上保证用户满意度。因此，信息质量除了要考虑数据质量问题，还要关注形式上的质量特征，如相关性、可获得性、有用性、可读性、可信度等。二是反映的质量观念不同。数据质量管理是一种依据标准控制的"符合性"质量管理方式，以向信息用户提供符合标准规定的数据为目标，研究方向为"数据生产者—数据管理者—信息用户"，是一种任务驱动型管理方式。在实践中，常出现数据生产者认为自己提供的是"符合"的数据，但是用户却认为这些"符合"的数据不能满足实际需求的情况，即所谓"高质量"的数据不一定是高质量信息，用户仍无法得到有价值的信息。而信息质量管理则是一种满足用户需求的适用型管理方式，研究范围包括信息（数据）的整个生命流程，使信息生产形成"信息用户—信息管理者—数据生产者"的完整流程。它在原始数据"一次开发"的过程中就将用户的质量要求传递给"数据生产者"，使其按照相应质量要求规范数据生产②。

5.2　数据质量的维度

5.2.1　数据质量维度的划分

　　数据质量维度是数据的一种可衡量特征或属性，事实上，它提供了一

---

① 　蔡莉、朱扬勇编著《大数据质量》，上海科学技术出版社，2017。
② 　蔡莉、朱扬勇编著《大数据质量》，上海科学技术出版社，2017。

种用于衡量和管理数据质量以及信息的方式①。数据质量维度可以用于确定初始数据质量评估结果及衡量进度。数据质量维度为可衡量性规则提供了基础，而这些规则本身与关键业务过程中的潜在风险直接相关。

关于数据质量维度，国内外各个机构、行业和领域对其要求不尽相同，具体如表5-1和表5-2所示。

表5-1　部分国际机构和国家政府部门的数据质量维度

国际机构或者国家政府部门	数据质量维度
国际货币基金组织	准确性、可靠性、适用性、可获取性
欧盟统计局	相关性、准确性、可比性、连贯性、及时性、可访问性
联合国粮食及农业组织	相关性、准确性、及时性、可访问性、可比性、一致性、完整性
美国联邦政府	实用性、客观性（准确、可靠、清晰、完整、无歧义）、安全性
美国商务部	可比性、准确性、适用性
美国国防部	准确性、完整性、一致性、适时性、唯一性、有效性
加拿大统计局	准确性、及时性、适用性、可访问性、衔接性、可解释性
澳大利亚统计局	准确性、及时性、适用性、可访问性、方法科学性

资料来源：根据国外相关机构及部门的政策文件整理。

表5-2　国内部分领域或行业提出的数据质量要求

领域或行业	数据质量维度
烟草行业	准确性、完整性、一致性、及时性、可解释性、可访问性
气象通信行业	科学性、标准化、共享性、时效性、稳定性、可维护性
军事行业	完全性、一致性、准确性、唯一性、时效性、可解释性
医疗行业	一致性、可靠性、可用性
交通行业	完整性、有效性、准确性、实时性
地理信息系统（GIS）领域	位置精度、一致性、完整性、可靠性

资料来源：根据国内相关行业领域政策文件整理。

此外，在国家及国际标准方面，2013年，DAMA英国分会编写的一本白皮书提出了6个核心的数据质量维度，分别是：完整性（completeness），即已存储数据占应存储数据的一定比例；唯一性（uniqueness），即任何实体的记录都不会多次出现；实时性（timeliness），即数据体现特定时点现

---

① 蔡莉、朱扬勇编著《大数据质量》，上海科学技术出版社，2017。

实情况的程度；有效性（validity），即数据符合相关定义（格式、种类、范围）；准确性（accuracy），即数据描述真实世界对象或事件的精准度；一致性（consistency），即多处对同一个事物的描述不存在差异。中国国家标准《信息技术 数据质量评价指标》（GB/T 36344—2018）中关于数据质量的评价指标包括规范性、完整性、准确性、一致性、时效性和可访问性。国家标准《数据质量 第8部分：信息和数据质量：概念和测量》（GB/T 42381.8—2023）将语法质量、语义质量、语用质量、完整性、可访问性、完备性、内容灵活性、布局灵活性、安全性、有用性、语法编码、需求的一致性、数据源、准确性和数据治理纳入数据质量。国际水道测量组织（IHO）在《通用海道测量数据模型》（*Universal Hydrographic Data Model*）系列国际标准中引入了"数据质量"，维度包括完整性、逻辑一致性、位置精度、专题准确度、时间质量、聚合和可用性。

5.2.2 关键数据质量维度

根据国内外各机构和部门、行业和领域政策文件，以及国家和国际标准中对数据质量维度的要求可知，数据质量的关键维度为完整性、实时性、有效性、准确性、一致性、可访问性[①]。

（1）完整性

关注数据是否完整无缺，是否包含了所有必要的信息，以支持其预期用途和业务需求。完整的数据能够确保分析和决策的全面性和准确性，是数据可靠性和可用性的基础保障。

完整性要求数据在内容上没有缺失，结构上没有错误，且覆盖所有相关的业务场景。例如，在一个客户关系管理系统中，完整的客户信息应包括客户的姓名、地址、联系方式、购买历史等。如果某些信息缺失，可能导致业务流程中断或决策失误。完整性的定义包含3方面：完整性是指数据有足够的广度、深度和范围；在一次数据收集中所包含的值的程度；信息具有一个实体描述的所有必需的部分。

（2）实时性

指的是数据在时间变化中的正确程度，其有3个评价指标，即基于时间段

---

① 蔡莉、朱扬勇编著《大数据质量》，上海科学技术出版社，2017。

的正确性、基于时间点的及时性以及时序性。有些数据值会随时间而变化，如每日股票的成交数据会随时间点而波动，这意味着数据的有效性与具体的时间段紧密相关。然而，在现实世界中，股票数据的实际变化与其在数据库中的反映之间，以及这些更新数据被应用到相应系统中总存在一定的延迟。因此，实时性本质上是一个考虑数据随时间变化而保持其价值的关键维度。

实时性的定义包含4方面：现实世界状态改变和信息系统状态改变之间的时延；数据从产生到获取再到利用可能有一个很显著的时间差，特别是数据被手工获取、数字化存储后再被理解、获取和访问，这个过程的时间差更加明显；时效性是数据来源的平均期限；时效性是一个任务中数据充分更新的程度。

（3）有效性

关注数据是否符合其预期用途，能否满足特定业务需求或支持决策制定。它不仅反映了数据的实用性，还体现了数据在实际场景中的价值。

数据的有效性强调的是数据的适用性和功能性。即使数据在其他方面（如准确性、完整性）表现良好，但如果不能满足业务需求，那么这些数据仍然是无效的。例如，在市场营销中，如果数据无法帮助精准定位目标客户，那么无论其准确性多高，都难以发挥应有的价值。因此，数据的有效性是数据质量评估中不可或缺的一部分。

数据的有效性是数据质量的核心体现之一。通过确保数据的有效性，企业可以更好地利用数据支持决策、优化流程和提升竞争力。在数字化转型时代，数据的有效性不仅决定了数据的价值，还直接影响企业的运营效率和创新能力。因此，数据的有效性是衡量数据质量的重要标准，也是企业开展数据管理的重要目标。

（4）准确性

关注数据是否真实、可靠地反映实际情况，是否符合业务规则和逻辑。准确的数据是支持决策、优化流程和提升业务效率的基础，而数据中的错误或偏差可能导致严重的后果，甚至影响企业的战略方向和运营效果。

准确的数据能够确保分析和决策的可靠性，避免数据错误导致的资源浪费和决策失误。在企业运营中，数据的准确性直接影响业务流程的顺畅性和业务决策的科学性。例如，在金融风险评估中，准确的客户信用数据能够帮助金融机构更好地评估风险，优化信贷决策。

准确性的定义包含 3 方面。第一，数据是准确的，数据存储在数据库中对应真实世界的值。例如，某用户希望在某网站申请账户，网站要求验证用户的证件号码。如果用户提供的证件号码与实际号码一致，那该号码存储在数据库中的值就是正确的。第二，准确性是指数据的正确性、可靠性和可鉴别的程度。第三，准确性是指数据库记录中的各种"字段"所包含的值的正确性。此外，从形式化的角度定义，准确性是指一个数值 v 与真实值 v' 之间的相似程度。

（5）一致性

指的是数据与相关数据无矛盾的程度。一致性包括两个评价指标：一是相同数据的一致性，关注同一数据出现在不同位置时是否相同，当数据发生变化时是否被同步修改；二是关联数据的一致性，根据一致性约束规则衡量关联数据是否一致。

在数据库领域，一致性通常体现了在不同地方存储和使用的同一数据应当是等价的事实。等价表示数据有相等的值和相同的含义，或本质上相同，同步是使数据相等的过程。

（6）可访问性

指的是数据可以被访问的程度。可访问性有两个评价指标，即可访问和可用性。可访问性的定义有 2 种：用户可以获得数据的物理条件，包括数据在哪里、如何订购、交易时间、明确的定价政策、便利的营销条件（版权等）、可用性的微观或宏观数据、各种格式（纸质、文件、光盘、互联网）等；用户需要的数据是公开的，可以方便地获取或者允许授权用户进行下载和使用。可访问性与数据开放程度联系紧密，数据开放程度越高，获得的数据种类就越多，可访问性也就越高。

5.3 数据质量提升的主要方法和策略

5.3.1 数据质量评估方法

数据质量评估方法主要分为定性方法、定量方法和综合方法[1]。定性

---

[1] 蔡莉、朱扬勇编著《大数据质量》，上海科学技术出版社，2017。

方法主要依靠评判者的主观判断。定量方法为人们提供了一个系统、客观的分析方法，结果较为直观具体。综合方法则将定性方法和定量方法相结合，发挥两者的优势。

（1）定性方法

一般基于一定的评估准则与要求，根据评估的目的和用户的需求，从定性的角度对数据质量进行评估，确定相关评估准则或指标体系，评估结果以等级制、百分制或其他形式表示。定性方法的实施主体需要对学科有较深入的了解，评估标准和内容应由某领域专家或专业人员确定。

通常，定性评估方法可划分为用户反馈法、专家评议法和第三方评测法。下面简要介绍各个方法的特点。

用户反馈法是指由评估方向用户提供相关的评估指标体系和方法，用户从中选择符合其需要的评估指标体系和方法来评估数据质量。在这种方法中，评估机构将帮助或指导用户进行数据质量评估，而不是代替用户评估。

专家评议法是指由某领域的专家组成委员会来评估组织内的数据质量是否符合标准或者需求。在这种方法中，数据质量的评估指标体系和方法由专家确定，评估过程不需要用户的参与，只告知用户最终的评估结果。

第三方评测法是指由第三方根据特定的需求建立数据质量评估指标体系，按照一定的评估程序或步骤得出数据质量评估结果。

（2）定量方法

是指按照数量分析方法，从客观量化角度对数据质量进行评估。定量方法为人们提供了一个系统、客观的分析方法，结果更加直观具体。目前，报纸、图书、期刊等都已经实现数字化并存放在各种数据库中供用户检索、浏览和下载。为了评估各数据库中文献的质量，可以制定用户人数、文献下载量、文献在线访问量以及引用率等评估指标。

（3）综合方法

将定性和定量两种方法有机结合，从两个角度对数据质量进行评估。层次分析法（Analytic Hierarchy Process，AHP）、模糊综合评估法、缺陷扣分法和云模型评估法是综合评估中经常使用的方法。

5.3.2 数据质量提升方法

（1）数据清洁（data cleaning）[1]

也称数据净化，是指检测数据集合中存在的不符合规范的数据，并进行数据修复以提高数据质量的过程。数据清洁一般是自动完成的，只有在少数情况下需要人工参与完成。

数据清洁可分为"特定领域（domain-specific）数据清洁"和"无关领域（domain-independent）数据清洁"两类。"特定领域数据清洁"要求参与清洁过程的人员掌握相关领域知识；"无关领域数据清洁"面向普通数据库用户，适用于不同的业务领域，更方便与传统的数据库管理系统（DBMS）相整合。数据清洁的方法有以下几种。一是模式层脏数据的清洁方法。模式层脏数据产生的原因主要包括数据结构设计不合理和属性约束不够两方面，针对两方面原因提出了避免冲突的清洁方法以及属性约束的清洁方法。二是实例层脏数据的清洁方法。实例层脏数据主要包括拼写错误、重复/冗余记录、空值、数据失效和噪声数据。

数据清洁工具可以分为以下几类。一是特定功能的清洁工具。姓名和地址在很多数据库中是常见的信息，在特定领域数据清洁中，它们是两个重要的清洁对象。特定功能的清洁工具提供拼写检查等功能，检查和清洁姓名、地址数据。典型的特定领域数据清洁工具主要有 Trillium Software System、Trifacta Wrangler 等。二是 ETL 工具。现有大量的工具支持数据仓库的 ETL 处理，如 DataStage 等。它们使用建立在 DBMS 上的知识库，以统一的方式管理所有关于数据源、目标模式、映射、脚本程序等的元数据。这些工具提供规则语言和预定义的转换函数库来指定映射步骤。

（2）数据集成（data integration）[2]

通过逻辑或物理的方式将分散在不同数据源中的数据封装到一个数据集中，使用户以统一的方式访问这些分散的数据。数据集成的核心是模式集成，即建立一个全局统一的模式来涵盖多个分散的子模式。

数据集成的应用非常广泛，很多组织甚至将"数据治理"等同于"数

---

[1] 蔡莉、朱扬勇编著《大数据质量》，上海科学技术出版社，2017。
[2] 梅宏主编《数据治理之法》，中国人民大学出版社，2022。

据集成"。随着数据量的急剧增长，信息孤岛问题日趋严重，大量的数据分布在不同的组织或部门中，不能被统一使用。另外，大数据分析客观上要求掌握尽可能全面的数据，以挖掘有用的知识。而数据集成正是解决这一问题的核心技术。

目前主流的数据集成工具是 ETL，其目标是从不同的数据源中抽取数据并转换成规定的格式，这一过程通常会对数据进行一定程度的清洗。下面介绍几款流行的 ETL 工具。一是 Kettle。Kettle 是一款开源 ETL 工具，采用 Java 语言编写，可以支持不同的操作系统。Kettle 可以将数据集成任务以工作流方式组织起来，如数据抽取、质量检测、数据清洗、数据转换、数据过滤等。Kettle 的缺点是在处理大数据量的 ETL 任务时性能较差。二是 DataStage。DataStage 是 IBM 公司推出的一款 ETL 工具，可以处理多种数据源数据，支持数据清洗、转换和加载。作为一款商业软件，DataStage 具有较为完善的功能，特别是具备较强的实时监控能力，方便用户管理 ETL 任务。缺点在于不支持二次开发。三是 Talend。它是由 Talend 公司开发的一个 ETL 工具。优点是简单易用，支持同步清洗、筛选、数据导入导出、内联查询等。

（3）数据标准化[①]

将不同来源和格式的数据转换为统一的标准格式，以便更好地管理和分析。数据标准化是提升数据质量的基础，能够有效减少数据冗余，提高数据的可用性。相关标准包括数据质量管理国际标准 ISO 8000、地理信息国际标准 ISO 19100 等。

ISO 8000 是一个专门针对数据质量管理的国际标准。其中，ISO/TS 8000-100 系列包括 ISO 8000 100~199 部分，该系列标准主要关注主数据质量。主数据是用来描述企业核心业务实体的数据，是指在整个企业范围内各个系统（操作/事务型应用系统以及分析型系统）间共享的数据，如描述人员、机构、地点、产品、服务的数据。主数据是具有高业务价值、可以在企业内跨越各个业务部门被重复使用的数据，并且存在于多个异构的应用系统中，它在整个组织范围内要保持一致性、完整性和可控性。ISO/TS 8000-100 系列主要涉及质量管理系统的主数据描述和主数据质量

---

① 蔡莉、朱扬勇编著《大数据质量》，上海科学技术出版社，2017。

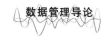

的衡量。

传统上，地理信息由地理业界生产和使用，但现在地理信息越来越多地由个人甚至是商业界生产和使用。因此，对专家来说，曾经非常重要的技术问题已成为政府和商业组织需要面对的业务问题。为此，国际标准化组织地理信息技术委员会推出了地理信息国际标准，该标准的适用范围为数字地理信息领域，是一个结构化定义、描述和管理地理信息的标准。

统计数据是统计工作活动过程中所取得的数据资料以及与之相关的其他资料的总称。统计数据的质量是统计工作的生命，是发挥统计、咨询、监督三大功能的基础。不科学、不准确的统计数据会使政府部门和信息使用者产生误解，从而导致决策失误。统计数据质量的高低直接决定统计信息价值的大小，因此正确衡量统计数据质量，努力提高统计数据质量，实现统计数据的准确、有效、全面、快捷传递，对政府和公众获取信息、做出科学决策具有重大意义。

拓展阅读

一汽大众的数据质量管理

一汽大众曾因销售订单关键数据缺失、物料到货信息更新不及时、产品主数据跨域不一致等问题，出现生产计划延时甚至订单交付不及时，严重影响了业务稳定高效运行。为杜绝此类情况再次发生，保障各业务部门能够使用"可用度高、准确度高、可信度高"的数据资源，一汽大众数据治理团队将提升数据质量作为实现数据可信的关键，建立了一套可持续运营的数据质量管理体系。一汽大众数据质量管理体系以领导力建设、专业团队保障、数据质量主动设计、数据质量源头治理等为核心，持续提升数据质量，高效支撑日常业务决策、生产管理活动。

一汽大众数据治理团队于 2022 年全面建立并发布了数据质量管理体系，以满足用户的数据需求为导向，致力于持续提升数据质量，推动公司内各业务领域建立起可持续的数据质量管理内控机制，构建良好的数据质量文化，为一汽大众提供清洁、透明的数据资产。

第一，数据质量管理领导力建设。一汽大众通过发布数据质量政策、明确数据质量责任人、定期开展数据质量衡量 3 项核心举措，持续塑造数据质量管理领导力，增强基层和管理层的数据质量责任意识。

第二，数据质量管理能力保障。数据质量管理的有序开展离不开相关能力的建设与保障。一汽大众通过建立公司级的数据质量管理专业组织，明确数据质量衡量和提升工作流程，利用 DGC 平台实现数据质量管理流程线上化运转，全面推动一汽大众持续提升数据质量。

第三，数据质量持续提升。一汽大众建立了基于 PDCA 的数据质量持续提升机制，以数据质量管理目标制定、数据质量控制、数据质量衡量、数据质量提升 4 个步骤为 1 个循环。除解决日常检查中发现的数据质量问题外，一汽大众每年定期开展两次全面的数据质量衡量工作，判定各业务领域的数据质量得分，挖掘数据质量问题，以迭代推进的方式持续提升数据质量。

一汽大众将数据质量衡量分为设计质量衡量和执行质量衡量两部分。设计质量衡量权重为 40%，衡量的对象是各领域全量的数据资产目录、指标清单、数据标准清单、概念模型、逻辑模型。设计质量衡量分数的高低反映了数据资产设计和管理的好坏。执行质量衡量权重为 60%，衡量的对象是各领域数据资产中的实际数据。执行质量衡量依照 6 个数据质量评估维度，即准确性、一致性、完整性、唯一性、及时性和有效性对数据资产进行评估。执行质量衡量分数的高低反映了业务系统中数据质量的好坏。另外，为有效平衡数据质量管理工作中的成本和收益问题，一汽大众按照业务影响程度、紧急程度、复杂程度对数据质量问题进行划分。

在企业数字化转型的过程中，随着核心业务活动数字化水平的持续提高，其对高质量数据资产的依赖不断增强，不免出现各类实践问题。一汽大众的数据质量管理成果已成功推动数据资产管理和数据运营走上了良性发展道路。未来，一汽大众数据治理团队将以"可持续、响应迅速、精确识别痛点"为目标，提升数据质量管理能力，将数据质量管理工作与业务活动、业务系统紧密结合，打造良好的企业数据质量文化。

（资料来源：中国一汽网，2024 年 8 月 9 日）

本章思考题

1. 数据质量与信息质量是什么关系?

2. 数据质量维度划分的依据是什么?

3. 提升数据质量的途径有哪些?

［中篇］

6 数据合规

数据合规是现代社会组织在数字化转型过程中必须面对的重要问题。随着信息技术的飞速发展，数据已成为组织的核心资产之一。数据的收集、存储、处理、传输和使用过程涉及诸多法律和伦理问题，数据合规的重要性日益凸显。本章将系统地介绍数据合规的含义、主要内容、相关法规以及实际案例，帮助读者全面理解数据合规的关键要素，并探讨如何在实际业务中有效实施数据合规策略。

6.1 数据合规的含义

6.1.1 数据合规的背景

2022年12月19日，中共中央、国务院发布的《关于构建数据基础制度更好发挥数据要素作用的意见》指出："数据作为新型生产要素，是数字化、网络化、智能化的基础，已快速融入生产、分配、流通、消费和社会服务管理等各环节，深刻改变着生产方式、生活方式和社会治理方式。数据基础制度建设事关国家发展和安全大局。"该意见同时强调，既要建立保障权益、合规使用的数据产权制度，也要建立合规高效、场内外结合的数据要素流通和交易制度。

在数字化时代，数据的产生、收集和使用呈"爆炸式"增长。企业通过各种渠道收集大量用户数据，用于市场分析、产品开发、客户服务等。然而，对数据的不当处理可能导致严重的后果，如侵犯个人隐私、违反数据保护法规等。近年来，全球范围内数据泄露事件频发，给个人和企业带来了巨大的损失。例如，2017年Equifax数据泄露事件导致约1.47亿名用

户的数据被泄露，包括出生日期、地址等敏感信息，引发了法律诉讼和声誉危机。

6.1.2　数据合规的定义[①]

数据合规是一个综合性的概念，涵盖了多个层面的要求。数据合规是指企业在数据全生命周期（收集、存储、使用、加工、传输、提供、公开、删除）中，遵循相关法律法规、行业标准和最佳实践，确保数据处理的合法性、安全性、透明度，并尊重和保护数据主体权益的行为。

数据合规与数据安全关系密切，但也有所区别。数据安全侧重于技术措施，是数据的质量属性，其目标是保障数据资产的保密性、完整性和可用性；数据合规则聚焦法律和监管要求，确保数据处理者在处理数据时符合法律的规定。数据合规的目标主要是避免法律风险，数据安全的目标则是防止数据被泄露、篡改和滥用，保护企业和用户的数据资产。数据合规与数据安全虽各有侧重，但二者相辅相成、互为补充，共同构成了数据管理的重要组成部分。

6.1.3　数据合规的特点[②]

①合法性。数据合规的核心是确保数据处理活动符合法律法规的要求。使用主体在处理与利用数据时，必须遵循明确的法律，如获得数据所有者的同意、按照相关的合约使用数据等。

②全面性。数据合规要求数据处理者对数据的全生命周期进行管理，从数据的收集、存储、使用、加工、传输、提供到公开和删除，每个环节都必须符合规定。

③透明性。数据处理者必须向数据主体清晰告知数据收集和使用的目的、范围、方式等，确保数据主体充分了解其个人信息的处理情况。

④动态性。数据合规是一个动态的过程，需要企业根据法律法规的变化和业务的发展不断调整和优化。

[①]　本部分资料来源：《解码数据合规：从基本概念、法律体系到实务探索》，搜狐网，2024年9月11日，https://www.sohu.com/a/808175567_121123709。

[②]　本部分资料来源：《解码数据合规：从基本概念、法律体系到实务探索》，搜狐网，2024年9月11日，https://www.sohu.com/a/808175567_121123709。

⑤跨国性。数据的流通范围遍及世界，在其全生命周期中需要遵循不同国家或地区的法律法规。

⑥行业特定性。不同行业的数据合规要求有所不同。数据处理者需要根据所在行业的特定要求，制定相应的数据合规策略。

⑦技术依赖性。数据合规不仅依赖法律和政策，还需要技术手段的支持。例如，企业要对云端数据进行分类分级、加密、访问控制，以满足云端数据保护与合规利用的特殊要求。

⑧责任明确性。数据合规涉及多个责任主体，包括数据主体、数据控制者、数据处理者和监管机构。数据控制者负责确定数据处理的目的和方式，通常是数据合规的主要责任方；数据处理者是受控制者委托进行数据处理的实体，尽管其不决定数据的处理方式和目的，但仍须遵守合规要求并确保数据安全①。

6.1.4　数据合规的重要性

在当今信息化迅速发展的时代，数据合规已成为各类企业必须面对的重要课题。数据合规不仅关乎对法律法规的遵循，还直接影响企业的声誉和业务发展。因此，理解数据合规的重要性及其实施策略刻不容缓①。

数据合规在保护用户隐私、增进客户信任方面发挥着至关重要的作用，不仅有助于增进客户对企业的信任，还能为企业创造更多的商业机会。当客户确信其个人信息得到了妥善保护时，他们更愿意与企业开展交易活动。透明的数据处理行为使客户感受到自身信息安全得到保障，这不仅是法律要求，更是企业提升市场竞争力的重要手段。遵循数据合规要求减少了潜在的法律风险，严格遵守相关法律法规能够最大限度地避免数据泄露或违规使用。良好的数据合规实践可以提升内部管理效率，通过明确的数据管理流程和责任划分，促进各部门之间的协作，从而提升整体运营效率②。在国际化经营中，不同国家及地区的数据保护法规差异较大。对于跨国企业而言，制定统一的数据合规策略尤为重要，以应对不同法律环

---

① 《数据合规的重要性与实施策略解析》，CSDN，2024年12月27日，https://blog.csdn.net/tiangang2024/article/details/144774937。

② 徐辉、龚逸：《企业数据合规：企业数据安全治理之维》，《科技创业月刊》2024年第7期。

境带来的挑战。

随着市场竞争力的提升与消费者需求的多样化，企业想要高质量发展，必须实施有效的数据合规措施，降低核心数据泄露以及其他法律风险，在当下具有挑战的环境中保证企业运营的合法性，站稳脚跟，增强企业竞争力。

数字经济时代，数据成为经济高质量发展的重要引擎。数据合规成为兼顾数据流通价值发挥和企业数据安全动态保护、促进数字经济繁荣发展的有力手段①。

6.2　数据合规的主要内容

6.2.1　数据收集合规

数据收集是数据处理的起点，合规的数据收集主要包括以下几个方面。

（1）数据收集合法

数据收集必须基于明确的法律依据或用户授权，不得窃取、超范围收集、未经合法授权收集或以其他非法方式获取数据。

（2）用户同意与知情权

数据收集通常需要保障用户知情权并且获得用户的明确同意，尤其是在涉及个人信息时。

（3）通过第三方收集数据

在通过第三方收集数据时，应以合同、协议等合法方式约定数据收集范围、收集方式、使用目的和授权同意；对外部数据源真实性及可靠性进行鉴别和记录，对外部收集数据的合法性、安全性和授权同意情况进行审核。

（4）明确收集目的和范围

数据收集主体在收集数据时，必须明确数据收集目的，并且只能在该目的范围内收集数据，不得超范围收集。

---

① 徐辉、龚逸：《企业数据合规：企业数据安全治理之维》，《科技创业月刊》2024年第7期。

（5）数据质量控制

完善数据质量管理制度，明确数据收集管理措施；做好安全管理，对数据清洗、转换和加载等操作进行规范；整合数据监控、过程记录等，对异常数据及时进行处理。

（6）数据收集方式

采用自动化工具访问、收集数据的，不得违反法律、行政法规、部门规章或协议约定的情况，不得侵犯他人知识产权等合法权益；通过人工方式采集数据的，要求对数据采集人员严格管理，将采集数据直接报送给相关人员或系统，采集任务完成后及时删除采集人员留存的数据。

（7）数据收集设备及环境安全

监测数据收集终端或设备的安全漏洞，确认不存在数据泄露风险；通过人员权限管理、信息碎片化等方式，对人工采集数据环境进行安全管控，降低人工采集数据泄露风险；完成相关业务后，删除敏感个人信息或重要数据，降低客户端敏感信息留存风险。

6.2.2 数据存储合规

数据存储合规是指在数据存储过程中，数据处理者（包括企业、组织或个人）必须遵循相关法律法规、行业标准以及监管要求，确保数据的安全性、保密性、完整性和可用性。数据存储合规涉及多个关键要素，具体如下。

（1）数据分类与分级保护

数据存储合规要求企业对数据进行分类和分级管理，根据数据的敏感程度和重要性采取不同的保护措施。例如，对于涉及国家安全、公共利益和个人隐私的重要数据，应采取更严格的保护措施。

（2）数据存储的合规管理

数据存储合规不仅依赖技术，还需要完善的管理机制。应在企业或组织内部建立合理的数据保护政策，完善相关规定。

（3）数据存储透明

数据存储透明要求企业向数据主体明确告知数据存储的目的、方式、期限以及到期后的处理方式。例如，企业需告知个人其信息的保存期限和到期后的删除或匿名化处理方式。

（4）数据存储适当

落实数据存储安全策略和操作规程；保证存储位置、期限、方式的适当性；检查永久存储数据的必要性。

（5）逻辑存储安全

评估数据库的账号权限管理、访问控制、日志管理、加密管理、版本升级等方面要求的落实情况；监测逻辑存储系统安全漏洞，查看漏洞修复情况；实施限制数据库管理、运维等人员操作行为的安全管理措施；将脱敏后的数据与可用于恢复数据的信息分开存储；对敏感个人信息、重要数据进行加密存储；了解在第三方云平台、数据中心等外部区域存储的数据的安全管理、访问控制情况；根据安全级别、重要性、使用频率等，掌握数据差异化存储安全管控情况；完善核心数据存储的防勒索监测机制。

（6）存储介质安全

掌握存储介质（含移动存储介质，下同）的使用、管理及资产标识情况；明确对存储介质的数据安全要求，健全存储介质安全管理规范；对存储介质进行定期或随机性安全检查；记录并审查存储介质的访问和使用行为。

6.2.3 数据传输合规

数据传输合规涉及跨境业务、行业特定要求、技术安全管理、公共数据管理以及国际合作等多个领域。数据处理者需根据自身业务特点和所在行业制定相应的合规策略，以应对不断变化的法规和技术环境。

（1）数据跨境传输的合规

数据跨境传输要符合相关国家或地区的数据保护法律法规，《网络数据安全管理条例》明确了个人信息和重要数据跨境传输的具体条件。此外，"非经中华人民共和国主管机关批准，境内的组织、个人不得向外国司法或者执法机构提供存储于中华人民共和国境内的数据"[①]。

（2）数据跨境传输的风险评估

在向境外传输数据前应进行风险评估，不仅应评估数据出境的方式、范围以及合法性、正当性等，还应对境外接收方的数据保护能力和所处的法律环境进行评估，避免将数据传输到不符合数据保护要求的国家和地

---

① 节选自《中华人民共和国数据安全法》第三十六条。

区，以保障数据传输的合法性，降低数据出境风险，履行数据保护义务。

（3）传输链路安全

了解敏感个人信息和重要数据传输加密情况及加密措施的有效性，选用安全的密码算法；对个人信息和重要数据传输进行完整性保护；在数据传输通道部署身份鉴别、安全配置、密码算法配置、密钥管理等防护措施。

（4）传输链路可靠

检查网络传输链路的可用情况，包括对关键网络传输链路、网络设备节点进行冗余建设，制定容灾方案和宕机替代方案等。

6.2.4　数据使用合规

数据使用合规是确保数据安全、保护个人隐私、维护国家安全的重要手段。企业或组织需严格遵守相关法律法规，建立健全数据合规管理体系，以应对日益复杂的数据使用环境。

（1）告知与同意

数据处理者在使用个人信息前，需通过明确、具体、清晰易懂的方式向个人告知相关规则，包括使用目的、方式、种类等，并获得用户的同意。

（2）用户信息保护

数据处理者在使用数据的过程中，不得滥用个人信息和重要数据。关于敏感信息，如宗教信仰、特定身份、医疗记录、金融账户、行踪轨迹等的使用或处理，需获得用户的同意。

（3）合规审计与监控

数据处理者需对数据使用情况进行定期的合规审计，保障数据使用的合法性；建立监控机制，及时发现并处理使用过程中出现的违法违规行为。

（4）数据共享机制

建立数据共享机制，保证数据在共享过程中的隐私安全。

6.2.5　数据提供合规

数据提供合规的重要性在于确保数据在合法、安全和可控的框架内流动，保护个人隐私和重要信息不被泄露或滥用。合规的数据提供能够有效防范数据安全风险，避免非法数据共享或不当处理引发的法律风险和声誉损失，数据提供合规的主要内容包括以下方面。

（1）数据提供合法、正当、必要

数据提供的目的、方式、范围必须合法、正当、必要；遵守法律法规和监管政策，杜绝非法买卖或未经允许提供他人个人信息及重要数据；提供的个人信息和重要数据范围应限于实现处理目的的最小范围。

（2）数据提供管理

制定并落实数据提供的安全策略和操作规程，对数据提供进行严格审批，实行核心数据跨主体流动前需经过国家有关部门评估；对高风险数据处理活动（如共享、交易、委托处理、向境外提供数据等）开展安全评估；监督数据接收方到期返还或删除数据。

（3）数据提供的技术措施

对外提供的敏感数据需进行加密，并确保加密的有效性；对数据及数据提供过程进行监管；采取签名、添加水印、脱敏等安全措施；跟踪记录数据流量、接收者信息及操作信息，确保记录日志完备且能够支撑数据安全事件溯源。

（4）数据接收方评估

评估数据接收方的诚信状况和违法违规情况；确认数据接收方处理数据的目的、方式、范围的合法性、正当性、必要性；确保数据接收方具备保障数据安全的技术和能力，并履行责任义务；考核数据接收方的数据保护能力，掌握其对之前发生的网络安全、数据安全事件的处置情况；对数据接收方的数据使用、再转移、对外提供和安全保护等行为进行监督。

6.2.6　数据公开合规

数据公开合规的重要性在于确保数据在公开过程中既能满足社会信息共享的需求，又能有效保护个人隐私、商业秘密和国家安全。合规的数据公开能够防止敏感信息泄露，避免数据不当公开引发的法律风险、社会不稳定或个人权益受损。数据公开合规的主要内容可以归纳为以下两个方面。

（1）数据公开适当

数据公开需确保目的、方式和范围的适当性，与行政许可或合同授权保持一致，并严格遵循法律法规要求。公开数据应进行必要的脱敏、添加水印、防爬取和权限控制等处理，以防止敏感信息泄露。同时，需评估数据公开是否会引发聚合性风险，如通过公开数据结合其他信息推断出涉密信息、关联信息。

（2）数据公开管理

数据公开需完善安全制度、策略、操作规程和审核流程，并严格落实。公开数据需符合明确的条件，涉及重大基础设施信息的需经主管部门批准，涉及个人信息的需获得个人同意。公开前需进行安全评估，确保公开条件、环境、权限和内容符合要求。此外，需根据法律法规和监管政策的更新情况，及时处理已公开但不宜继续公开的数据，并持续实施脱敏、防爬取、数字水印等控制措施。

6.2.7 数据删除合规

数据删除在数据管理与合规领域具有至关重要的地位。在数据生命周期管理中，合理且合规的数据删除能够有效减少数据存储成本，提升数据资源的利用效率。数据删除违规或失误可能带来一系列严重后果，包括法律责任、经济损失和声誉损害。因此，保证数据删除合规是确保企业运营顺畅、避免法律风险和经济损失的关键措施。

（1）数据删除的触发条件

数据删除的触发条件包含主动删除场景和被动删除场景。主动删除场景包括企业业务下线、数据保留期限到期等；被动删除场景包括监管要求、个人信息主体提出删除要求等。

（2）数据删除的监管要求

①剩余信息保护。

《信息安全技术　网络安全等级保护基本要求》（GB/T 22239—2019）对数据删除的要求主要体现在剩余信息保护通用层面与云计算安全层面。

通用层面：应保证鉴别信息所在的存储空间在被释放或重新分配前得到完全清除；应保证存有敏感数据的存储空间在被释放或重新分配前得到完全清除。

云计算安全层面：应保证虚拟机所使用的内存和存储空间在回收时得到完全清除；云服务客户删除业务应用数据时，云计算平台应将云存储中所有副本删除。

②通用数据的删除要求。

参照《信息安全技术　数据安全风险评估方法》（征求意见稿），在

"数据安全管理"模块中,数据删除内容包括数据删除管理和存储介质销毁。

针对数据删除管理,应重点评估以下方面:数据删除流程和审批机制的建设及落实情况;数据删除安全策略和操作规程是否明确数据销毁对象、原因、方式和要求;是否按照法律法规、合同约定、隐私政策等及时删除数据;委托第三方进行数据处理的,是否在委托结束后监督第三方删除或返还数据;数据删除的有效性、彻底性验证情况,以及可能存在多副本同步删除的情况;是否明确数据存储期限,并于存储期限到期后按期删除数据,明确不可删除数据的类型及原因;缓存数据、到期备份数据的删除情况。

针对存储介质销毁,应重点评估以下方面:存储介质销毁管理制度和审批机制的建设及落实情况;存储介质销毁策略和操作规程是否明确各类存储介质的销毁流程、方式和要求,是否妥善处理销毁的存储介质;存储介质销毁过程的监控、记录情况;软硬件资产维护、报废、销毁管理情况;存储介质销毁措施的有效性,是否对被销毁的存储介质进行数据恢复验证;是否按照数据分类分级明确不同级别数据的删除措施,核心数据删除是否采用存储介质销毁方式。

③个人数据的删除要求。

《中华人民共和国个人信息保护法》第四十七条指出,有下列情形之一的,个人信息处理者应当主动删除个人信息;个人信息处理者未删除的,个人有权请求删除:

a. 处理目的已实现、无法实现或者为实现处理目的不再必要;

b. 个人信息处理者停止提供产品或者服务,或者保存期限已届满;

c. 个人撤回同意;

d. 个人信息处理者违反法律、行政法规或者违反约定处理个人信息;

e. 法律、行政法规规定的其他情形。

(3)数据删除的义务豁免

《中华人民共和国个人信息保护法》第四十七条指出,法律、行政法规规定的保存期限未届满,或者删除个人信息从技术上难以实现的,个人信息处理者应当停止除存储和采取必要的安全保护措施之外的处理。

6.3　数据合规法规

6.3.1　国内数据合规法规

（1）《中华人民共和国网络安全法》

该法于 2016 年 11 月 7 日通过，自 2017 年 6 月 1 日起施行，旨在保障网络安全，维护网络空间主权和国家安全、社会公共利益，保护公民、法人和其他组织的合法权益，促进经济社会信息化健康发展。该法主要包括以下内容：网络安全支持与促进，国家建立完善网络安全标准体系，支持网络安全技术的研究开发和应用；网络运行安全，网络运营者需按照网络安全等级保护制度的要求履行网络安全保护义务，保障网络免受干扰、破坏或未经授权的访问；网络信息安全，网络运营者应采取技术措施和其他必要措施，确保其收集的个人信息安全；等等。该法适用于在中华人民共和国境内建设、运营、维护和使用网络，以及网络安全的监督管理。

（2）《中华人民共和国数据安全法》

该法于 2021 年 6 月 10 日通过，自 2021 年 9 月 1 日起施行，是我国数据安全领域的基础性法律，旨在规范数据处理活动，保障数据安全，促进数据开发利用，保护个人、组织的合法权益，维护国家主权、安全和发展利益。该法主要包括以下内容：数据分类分级保护，根据数据的重要程度和危害程度对数据实行分类分级保护，特别是对国家核心数据实行更严格的管理；数据处理活动的合规要求，数据处理者需加强风险监测，发现数据安全缺陷时立即采取补救措施，在发生数据安全事件时及时告知用户并向主管部门报告；重要数据处理者的义务，重要数据处理者需定期开展风险评估，并向主管部门报送风险评估报告；等等。

（3）《中华人民共和国个人信息保护法》

该法于 2021 年 8 月 20 日通过，自 2021 年 11 月 1 日起施行，旨在保护个人信息权益，规范个人信息处理活动，促进个人信息合理利用。该法主要包括以下内容：个人信息处理规则，处理个人信息应遵循合法、正当、必要和诚信原则，不得过度收集个人信息；个人信息跨境传输，个人信息处理

者向境外提供个人信息，需满足特定条件，如通过安全评估或签订标准合同；个人在个人信息处理活动中的权利，个人有权查阅、复制、更正、补充、删除其个人信息；等等。

（4）《网络数据安全管理条例》

该条例于 2024 年 9 月 30 日发布，自 2025 年 1 月 1 日起施行，进一步细化了网络数据安全管理的相关规定。该条例主要包括以下内容：个人信息保护，进一步细化了告知、同意的内容及形式要求，明确了个人信息可携带权的行使条件；重要数据安全管理，明确了重要数据处理者的重要数据安全管理义务，包括向其他数据处理者提供、委托处理重要数据的监督职责；数据出境规则优化，进一步增加了免予申报数据出境安全评估、订立个人信息出境标准合同、通过个人信息保护认证的情形；等等。该条例强化了对个人信息和重要数据的保护，明确了数据处理者的多项义务，优化了数据出境的合规路径，为企业提供了更明确的指导，适用于网络数据的收集、存储、使用、加工、传输、提供、公开等活动。

（5）《关键信息基础设施安全保护条例》

该条例于 2021 年 7 月 30 日发布，自 2021 年 9 月 1 日起施行，旨在保障关键信息基础设施的安全。该条例明确了关键信息基础设施的定义和范围，强调其对国家安全、公共利益的重要性；规定了运营者的安全保护义务，包括建立健全网络安全管理制度、采取技术措施防范安全威胁等；强调了国家对关键信息基础设施的保护和支持，包括网络安全监测预警、应急处置等。该条例适用于关键信息基础设施的运营者及其主管部门。

（6）《信息安全技术 网络安全等级保护基本要求》

该标准规定了网络安全等级保护的基本要求，明确了网络安全等级保护的五个级别，从第一级（自主保护级）到第五级（专控保护级），每个级别对应不同的安全要求；规定了物理安全、网络安全、主机安全、应用安全和数据安全等方面的具体技术要求；强调了安全管理中心的重要性，要求建立集中管理机制，对安全策略、恶意代码防范、补丁升级等进行集中管理。

（7）《工业和信息化领域数据安全管理办法（试行）》

该办法于 2022 年 12 月 13 日发布，自 2023 年 1 月 1 日起施行，明确了数据分类分级保护要求，根据数据的重要程度和安全风险，对数据进行分类分级管理；规定了数据处理者的安全保护义务，包括建立健全数据安全管理制度、采取技术措施保障数据安全等；要求数据处理者在向境外提供重要数据时履行相关安全评估程序。

（8）《数据出境安全评估办法》

该办法自 2022 年 9 月 1 日起施行，旨在规范数据出境活动，保护个人信息权益，维护国家安全和社会公共利益，促进数据跨境安全、自由流动。该办法主要包含以下内容：数据出境安全评估，数据处理者向境外提供重要数据，或处理 100 万人以上个人信息的数据处理者向境外提供个人信息时，需通过所在地省级网信部门向国家网信部门申报数据出境安全评估；风险自评估，数据处理者在申报数据出境安全评估前，需开展数据出境风险自评估，重点评估数据出境的目的、范围、方式等的合法性、正当性、必要性；等等。

以上法规共同构成了我国数据合规的法律框架，为数据的收集、存储、使用、共享、跨境传输等环节提供了明确的法律依据和规范要求。

6.3.2 国外数据合规法规

（1）欧盟《通用数据保护条例》（GDPR）

GDPR 是目前全球最严格的数据保护法规之一，该条例于 2016 年颁布，于 2018 年 5 月 25 日正式生效。GDPR 适用于所有处理欧盟公民个人数据的企业和组织，无论其是否位于欧盟境内。GDPR 的核心要求包括：数据主体权利，赋予数据主体对其个人数据的控制权，包括访问权、更正权、删除权等；数据控制者责任，数据控制者必须确保数据处理的合法性、透明性和安全性；数据保护影响评估，在处理高风险数据时，数据控制者需要进行数据保护影响评估；等等。GDPR 还规定了严格的处罚措施，可对违反法规的企业处以高额罚款。GDPR 严格的数据保护标准，强调个人数据的合法、透明和安全处理。

（2）美国《加州消费者隐私法案》（CCPA）

CCPA 是美国加州于 2020 年 1 月 1 日生效的一部数据保护法规，旨在保护加州消费者的隐私。CCPA 的主要规定包括：消费者权利，赋予消费者对其个人信息的控制权，包括要求企业披露收集的个人信息、删除个人信息等权利；企业合规义务，要求企业在收集和使用消费者数据时遵循透

明性、最小化和目的限制等原则；数据安全，企业必须采取合理的安全措施，保护消费者的个人信息。

（3）《巴西通用数据保护法》（LGPD）

LGPD 是巴西于 2018 年 8 月 14 日通过并于 2020 年 9 月 18 日正式生效的一部全面且具有里程碑意义的数据保护法规。LGPD 的立法初衷是应对数字化时代个人数据隐私面临的挑战，保护巴西公民的个人数据免受未经授权的访问、滥用或泄露。该法规广泛适用于在巴西境内处理个人数据的行为，以及境外数据处理者在向巴西公民提供商品或服务时涉及的个人数据处理活动。LGPD 的核心内容包括对个人数据的定义、数据主体的权利、数据控制者和处理者的责任、数据保护官（DPO）的设立、数据跨境传输的规则以及违反法规的处罚机制。它要求数据控制者在处理个人数据时必须基于明确的法规，并且必须采取适当的技术和管理措施来确保数据的安全性。此外，LGPD 还特别强调了对敏感数据（如种族、宗教信仰、健康信息等）的严格保护，要求在处理这类数据时必须满足更高的合规要求。

除了上述主要法规外，其他国家和地区也制定了各自的数据保护法规，如澳大利亚的《隐私法》、加拿大的《个人信息保护和电子文件法》、日本的《个人信息保护法》、俄罗斯的《个人数据法》等。这些法规虽然在具体条款上存在差异，但都强调了个人隐私保护和数据安全的重要性。

拓展阅读

谷歌数据收集合规问题

2019 年，谷歌因在 Android 系统中未充分告知用户其数据收集行为，被美国联邦贸易委员会（FTC）处以 50 亿美元的罚款。谷歌被指控在用户不知情的情况下收集用户的位置数据，并将其用于广告投放。这一行为引发了广泛关注，凸显了数据合规在科技行业的重要性。

谷歌被指控在 Android 系统中通过"网络和应用程序活动"功能收集用户的位置数据，即使用户关闭了位置记录功能，谷歌仍然会收集这些数据。这种行为被认为违反了用户隐私保护原则。此外，谷歌未能向用户清晰地说明其数据收集行为，导致用户在不知情的情况下同意了数据收集。

例如，谷歌在隐私政策中分散了相关信息，且表述不够清晰，用户难以理解其数据将如何被使用。

2018 年，美联社发表的一篇报道引发了多州司法部门的关注，随后由俄勒冈州和内布拉斯加州牵头，40 个州的司法部门联合对谷歌展开调查。调查发现，谷歌在 2014~2020 年存在误导性行为，违反了各州消费者权益保护法。谷歌最终与 40 个州达成和解，支付了 3.92 亿美元的和解金。此外，谷歌还因类似行为在其他案件中被罚款，如在法国因违反欧盟《通用数据保护条例》被罚款 5000 万欧元。谷歌被要求调整数据收集和使用政策，确保用户能够更清晰地了解其数据如何被收集和使用。谷歌还被要求为员工提供有关消费者法的培训。

该案例不仅强调了企业在数据收集和使用过程中必须严格遵守合规要求，充分告知用户并获得其明确同意；还促使整个科技行业重新审视数据合规问题，推动了相关法律法规的完善。谷歌的这一行为引发了其他地区的关注，促进了更多企业对自身数据合规情况的监管。

谷歌的案例提醒我们，数据合规是企业发展的基石，数据保护法律法规的出台旨在保护用户隐私和数据安全，企业必须严格遵守相关法律法规，否则将面临严重的法律和财务风险，即使是技术领先的企业，也可能因忽视合规问题而陷入危机。在数字化时代，用户对数据隐私的关注度日益提高，企业只有通过透明的数据政策和严格的合规管理，才能赢得用户的信任，从而在市场竞争中占据优势。

此外，科技企业在全球化过程中，必须充分了解并遵守不同国家和地区的法律法规。例如，欧盟的《通用数据保护条例》、美国的《加州消费者隐私法案》等都对数据合规提出了严格要求。

此案例表明，数据合规不仅是企业履行法律义务的需要，更是保护用户隐私、维护企业声誉的重要举措。企业在数据收集和使用过程中必须确保透明、合规，并确保用户能够充分理解并同意个人数据的使用方式。通过建立健全数据隐私管理体系，企业可以有效降低潜在风险，并为构建更加安全的信息环境做出贡献。

（资料来源：央视新闻网，2023 年 12 月 30 日）

本章思考题

1. 数据收集合规的关键要点是什么？

2. 如何确保数据使用的合规性？

3. 中美在数据合规法规方面有何异同？

7 数据治理文化

文化作为人类社会生活的总和，涵盖了信仰、价值观、习俗、制度等方面的内容，是社会群体在长期的历史进程中积淀下来的集体精神与物质财富。文化不仅反映了社会的整体特征，还深刻影响着人们的行为方式和思维模式。治理文化作为一种特定的文化形态，反映了一个社会或组织在权力结构、决策过程、法律法规等方面的价值观和行为准则。它决定了一个社会或组织如何处理内部关系、管理资源以及应对外部环境的变化。数据治理文化是治理文化在数字时代的具体表现。

7.1 数据治理文化的内涵

"数据治理文化"是一个综合性概念，要理解其内涵，需要结合其上位概念"数据治理"和"治理文化"。在宏观层次上，数据治理文化是治理文化的一个重要分支，既与传统的治理文化相互融合，又与经济、政治、地域等治理文化的相关影响要素联动；在微观层次上，数据治理文化既包括数据治理内容中包含的文化，也包括数据治理形式中包含的文化。

本书认为，数据治理文化是为适应大数据时代新要求，充分发挥数据价值，在整个组织体系内部树立数据价值思维、数据共享思维并营造数据利用氛围的过程中所涉及的知识、艺术、政策、法规、制度等内容。其目的在于营造以理性、有序、安全、共享、开放为核心的数据利用环境。

具体而言，数据治理文化可以从以下几个方面来理解。

①数据治理文化产生于大数据时代，是为了适应大数据时代的新要求而在数据治理过程中发挥保障作用的文化。

②数据治理文化与治理文化一样，包括治理主体、治理理念、治理目

标、治理对象和治理手段，并受到各种要素的影响。为了实现各要素之间的协同，必须有一套行之有效的数据治理文化体系。

③数据治理文化受到数据基础设施、数字资源、文化制度、法规政策、评估标准以及计算机、通信与文化领域相关人才等要素的影响。为达到预期效果，需要协调好各要素间的关系，加强要素间的关联互动，释放数据治理的最大价值。

④数据治理文化相较于传统的数据管理文化而言，具有更强的前瞻性和科学性，需要对潜在的冲击进行预警，规避外部变化给数据治理整体发展带来的损失，进而保证数据治理有效运行和发挥作用。

基于以上分析，数据治理文化是在组织内部形成的一套价值观和行为准则，指导着数据治理的实践和决策过程。它强调在数据治理过程中所有成员应具备共同理念和行为规范。数据治理文化不仅涉及技术和工具的使用，还包括对数据的重视程度、数据治理的态度和行为，以及管理层和员工在数据治理中的角色和责任，目的在于保障数据资源价值的有效开发和充分利用。

数据治理文化是数据治理的核心驱动力，亦是数据治理软实力的重要体现。在数据治理过程中，数据治理文化在价值定位、治理意识、组织结构和运行模式等方面发挥着指引作用。没有数据治理文化，数据治理将失去生机与方向。而只有数据治理和数据治理文化统筹协调、相互配合，才能促进数据治理能力的提升，使整个数据治理体系实现良性循环、协调发展。

7.2　数据治理文化的理论基础

7.2.1　组织文化理论

一直以来，对于组织文化的概念，不同学者各有说辞。刘燕华认为，组织文化是组织成员拥有的理想信念、价值取向及其外显的行为活动①。

---

① 刘燕华：《组织文化理论探析》，《西北民族学院学报》（哲学社会科学版）2000 年第 2 期。

也有学者认为，文化本身是一种象征，但不局限于象征意义，而是能够表现为实际存在的文化现象，而特定组织的思想观念和精神文明集合构成了蕴含其自身特色的组织文化。罗宾斯、库尔特认为，组织文化是组织成员共有的价值和信念体系，这一体系在很大程度上决定了组织成员的行为方式。同时，他们还将组织文化分为强文化和弱文化。所谓强文化，是指强烈拥有并广泛共享基本价值观的文化，比弱文化对组织成员的影响更大。组织成员对组织的基本价值观的接受程度和承诺程度越大，文化就越强。一些组织分不清什么是重要的、什么是不重要的，这种不清晰是弱文化的一个特征[①]。

在理论起源与实际应用方面，组织文化理论多见于组织行为学领域，与企业文化息息相关，它通常被用来研究群体及其结构对行为的影响。在该理论的研究范畴中，文化的类型可以分为软文化和硬文化。软文化是在组织的发展过程中逐渐衍生的，能够反映该组织特色的思想观念、文化意识、行为模式及与之匹配的制度规章；而硬文化则是在该组织的运营中形成的物质成果，如技术水平、效益水平等。综合来看，通常意义上的企业软文化、政府治理软文化都在内容上与组织文化更为贴近。本章以软文化范畴为主、硬文化范畴为辅，讨论组织文化理论在数据治理文化体系中的应用。

不难看出，组织文化促成了企业文化的形成，企业在发展运营的过程中，面对自身的文化建设需求，吸收了组织文化的理论知识，并由此构建出属于自身的文化体系。组织文化充分贴合企业软文化，随着企业的实践探索，精神文明和道德规范内化为企业的文化产物，这既是企业赖以生存、不断发展的灵魂所在，也是企业不断前进的动力。数据治理文化其实也有相通之处。数据治理文化应该以组织文化为中心，发挥文化软实力的渗透作用，辐射组织的各个部门和各个机构，为数据治理工作指引方向并提供内在的动力源泉。

综上所述，组织文化包罗万象，不仅涵盖企业文化，亦能为数据治理文化体系的构建提供启发。组织文化作为一种现代管理的实践模式，旨在

---

① 〔美〕斯蒂芬·P. 罗宾斯、玛丽·库尔特：《管理学》（第七版），孙健敏等译，中国人民大学出版社，2004。

利用文化手段完成新型管理模式的构建，它并非经济因素，却具有经济手段和技术措施不具备的独特优势。具体到数据治理文化体系之中，组织文化提供了内在向心力，助力协调关系、凝聚组织、弘扬精神、改善风气，让每一个工作人员都能在文化氛围中振奋精神、展现风貌。它不仅是以人为本的管理理念的具体体现，更是一个体系有条不紊、良好运行的重要保障。因此，组织文化理论可助力数据治理文化体系构建，并以组织文化的精神内核推动数据治理文化不断发展，从而为我国的数据治理工作提供精神动力。

7.2.2 利益相关者理论

利益相关者理论作为管理学的重要理论影响深远，这一理论最早在1984年由弗里曼提出，最开始聚焦企业，着眼于为了满足企业运营中各利益相关者的诉求，企业管理者所采取的各种管理措施。相较于"股东至上主义"，这一理论更关注整体的利益和运营模式，认为企业运营不应该局限于个别主体的利益，而应兼顾各个利益相关者的利益[1]。

不过，对于"利益相关者"这个概念本身的讨论一直不曾停止，至今已经产生数十种定义，其中具有代表性的就是弗里曼所提出的广义概念：利益相关者是组织在实现目标的过程中所涉及的全部个体及群体，这些参与者或影响组织活动，或受到组织活动的影响。而从狭义的角度来看，利益相关者是组织为达成目标所必须依靠的对象。

在数据治理的实践中，必须解决对利益相关者的认知问题，明确数据治理的利益相关者有哪些，以及这些对象之间相互协同的方式。结合上文定义，数据治理的利益相关者是在数据治理活动中能够影响治理活动效果或受到治理活动效果影响的个体或群体。值得一提的是，利益相关者不仅获得利益，同时共担风险。例如，对政府数据治理而言，政府及其职能部门、政府工作人员等均为利益相关者。同时，在大数据环境下，政府数据治理必须更加关注其利益相关者的权益[2]。而在政府数据治理全过程中，只有把握利益相关者各自的特征、运行方式及协同模式，才能对政府数据

---

① 钱锦琳：《高校科研数据治理模型构建研究》，硕士学位论文，江苏大学，2019。

② R. Walker, *From Big Data to Big Profits: Success with Data and Analytics*, OUP Catalogue, 2015.

128

治理有更进一步的把握。

7.2.3 协同治理理论

随着社会环境日趋复杂，"治理"这一概念逐渐在社会学等人文学科中出现，以更好地阐释社会关系在合作与竞争环境下呈现的新需求。在当今社会，无论是个人还是组织，如果脱离了外界的协同，就很难获取自身所需利益。因此，协同治理理论在这样的背景下应运而生，体现了一种创新策略。

协同治理必然涉及多元治理主体的共同运作，其中既包括政府，也包括各类组织及机构等。每个治理主体根据自身利益诉求的不同，在整个协同治理过程中体现不同的角色定位，承担不同的责任。随着这些子系统之间相互协调运作，整个系统发挥效能，以实现单一主体自主运行不能达到的公共利益增长目标[①]。因此，在协同治理体系中，多元主体为了互惠互利而共同合作，随着自身能力的提升，更好地协助其他主体实现目标，同时共同承担风险，增强整体对抗风险的能力，使治理成果得到有效保障。

数据治理本身涉及各个多元主体之间的相互协同，使海量数据得到妥善管理，用数据治理活动让各个参与主体获得公共利益[②]。但是也需要注意，在以往研究中发现，协同治理也会导致失败，这并非理论本身的偏颇，而是有两方面的实际原因。一方面，各主体均参与决策，导致决策产生混乱，不能达成一致。另一方面，公众参与治理活动，有时会产生苛责问题，使协同治理不能顺利开展。尽管如此，面对目前大数据时代的诸多问题，协同治理仍然是能够将资金、人才等资源进行合理配置，实现信息资源有效管理的可行理论之一。

另外，需要对利益相关者理论和协同治理理论进行区分，如同上文所说，利益相关者理论关注的层次更为微观具体，更看重参与主体本身的特质和行为模式，而协同治理理论则强调宏观层次下整个治理过程的协同行为，并聚焦协同行为的关键核心。两者分别从微观和宏观层面着手，对数据治理进行合理调控，深入数据治理的各个环节，提升数据治理效能，实现数据治理目标。

---

① 张振波：《论协同治理的生成逻辑与建构路径》，《中国行政管理》2015 年第 1 期。
② 范如国：《复杂网络结构范型下的社会治理协同创新》，《中国社会科学》2014 年第 4 期。

7.3 数据治理文化的特征

作为文化的重要组成部分，数据治理文化既有文化的普遍特征，如渗透性、开放共享性、多样性等；也有其突出的个性化特征，如以人为中心、意识引领、整体协同和价值释放。数据治理文化会带来参与人员的行动自觉，是数据治理的灵魂。

（1）渗透性

所谓渗透性，是指一种材料在不损坏其介质构造的情况下使流体通过的能力，如土壤传导液体或气体的能力，常以渗透系数来衡量。在日常生活中，这一概念往往被引申为一种事物或一种势力能够逐渐进入其他方面或其他领域的能力①。文化是全人类智慧的结晶，是一种强势的社会意识形态和包容性较强的软实力，具有较好的渗透性。文化潜移默化地发挥着思想熏陶的功能，改变着人们的思维方式。数据治理文化作为文化的一种，也具有明显的渗透性。它渗透于每一个数据治理者的工作过程中，以"润物细无声"的方式影响着数据治理者，使之形成符合数据治理所需的思想品格和工作方式。

（2）开放性

在传统文化环境下，因信息源的差别，每个人拥有的知识存在差异，又因主客观条件限制，知识流动性不强②，文化传播也具有局限性。在大数据时代，数据是一种重要的资源，和传统资源不同，数据资源可以被重复使用，而其自身价值不会递减，甚至会产生增值现象，因此数据共享已经成为大数据时代的主旋律，数据治理文化的开放性也是显而易见的。

（3）多样性

文化具有多样性，世界上每个国家、每个民族都有自己独特的文化，文化的多样性是人类社会的基本特征，也是人类文化进步的巨大动力。数

---

① 高微征、杨小磊：《传统文化对当代大学生的渗透性影响》，《系统科学学报》2016年第3期。

② 郑建明、王锰：《数字文化治理的内涵、特征与功能》，《图书馆论坛》2015年第10期。

据治理文化作为文化的重要组成部分，具有典型的多样性。首先，数据治理文化存在于不同的地区，由于各地区有其独特的风俗和文化，数据治理文化也表现出地区特色；其次，数据治理文化存在于政府、企业、学校、个人等的数据治理过程中，各部门、各主体对数据治理的需求不同，如政府数据治理要求较高的安全性和以人民为中心，企业数据治理要求创造更高的效益，个人数据治理强调便利和安全等，因此不同部门和主体的数据治理文化也存在较大差异；最后，不同的数据治理工作者有着不同的数据价值思维、数据共享思维以及数据治理工作方式，这些都导致了数据治理文化的多样性。

（4）以人为中心

以人为中心是数据治理文化的重要特征，人才是这个社会最重要的资源，而文化是人的本质力量的重构，在接受文化的过程中，人需要不断克服重重障碍，只有这样，人们才能获得支持全面自由发展的文化滋养，满足内心深处对人性的追求。在数据治理的过程中，要以人为出发点，强调对人性的理解，尊重人、关心人、爱护人、培育人、教育人。首先，要尊重数据治理者，除尊重其人格、表达意见以及个人发展意愿外，还要尊重数据治理者的能力、价值观、劳动及成果；其次，要充分认可每个数据治理者的贡献，客观地评价数据治理者的业绩。只有这样，才能充分调动每一个数据治理者的工作积极性，最大限度地发挥人的能力，从而实现价值的最大化，把能力转化为组织发展的动力，实现组织发展目标，做到人尽其才、人尽其长、人尽其用。

（5）意识引领

数据治理文化的构建旨在引领和规范数据资源的开发与利用，确保数据的高质量、高效率和高安全性，同时促进数据的广泛共享与应用，为经济社会发展注入强劲动力。数据治理文化的核心在于培养数据思维，即从数据角度思考问题和解决问题的能力。数据思维鼓励人们将数据视为战略性资源，通过对数据的深入分析和解读，洞察市场趋势，优化业务流程，提升服务质量，从而在竞争中占据优势。数据治理文化强调数据的全生命周期管理，从数据的生成、收集、存储、处理到分析和应用，每一步都需要严格的质量控制和安全管理。这种重视程度的提升促使组织和个人更加注重数据的准确性和可靠性，避免数据污染和数据孤岛现象，为数据的高效利用奠定基础。数据治理文化还致力于打破数据壁垒，促进数据的开放与共享。在数据孤岛普遍存在的情况下，数据的价值往往被严重低估。数据治理文化倡导建立统一的数据标准，通过数据平台和数据市场等，实现数据的互联互通和跨界融合，使数据能够在不同领域、不同机构之间自由流动，从而激发数据的创新潜能，加速知识的传播和应用，提升整个社会的数字化水平。

（6）整体协同

协同学理论认为，一个系统中，各个子系统和各种要素若不能很好地协同或始终处于离散无序状态，就无法形成合力，无法获得整体功能和整体效益[①]。数据治理文化倡导整体协同的数据治理模式，旨在构建一个包容、透明且动态的数据治理生态。这种模式下，数据治理不再是某一个部门或机构的专属职责，而是所有利益相关者共同参与的过程。它强调跨组织、跨领域的合作，通过建立标准化的数据交换协议、共享的数据治理框架以及灵活的协调机制，确保数据在不同系统间顺畅流通，同时保障数据质量和安全。整体协同的核心价值在于增强数据的开放性和互操作性，打破数据孤岛，实现数据的无缝集成和价值最大化。这不仅有助于提升数据资源的综合管理效能，还有助于促进数据生态的健康发展，为数字经济的可持续发展奠定坚实的基础。

（7）价值释放

当前，全社会正加速迈向数字经济时代，数据成为继土地、劳动力、资本、技术之后最活跃的生产要素，在国民经济和社会发展中起到基础性作用，成为影响国家和经济发展的长期要素资源，也是数字经济时代发展的新动力。数字经济时代，推动经济高质量发展的关键就在于利用数据治理释放更多数据生产要素的价值，而这与数据治理文化的目标是吻合的。数据治理文化强调数据治理工作要把精力聚焦在价值创造上，不断提高业务水平、提升服务质量，用最低的成本使数据在新时代发挥更大的价值。

---

① 李东来、冯玲：《区域图书馆整体协同发展的实现路径研究》，《图书与情报》2009 年第6 期。

7.4　数据治理文化的主要功能

（1）提升数据质量

数据治理文化在提升数据质量方面发挥着关键作用。良好的数据治理文化能够促使组织建立严格的数据质量管理制度，确保数据的准确性、一致性、完整性和及时性。例如，培养组织成员对数据质量的责任感，可以减少数据录入错误和遗漏，提高数据的整体质量。此外，数据治理文化还可以推动数据质量标准的制定和执行，使数据质量管理更加规范和高效①。

（2）打破数据孤岛

数据孤岛是许多组织在数据治理中面临的主要挑战之一。数据治理文化强调跨部门协作和数据共享，可以有效打破数据孤岛，促进数据的整合和共享。在一个良好的数据治理文化中，各部门之间会建立良好的沟通机制和协作关系，共同致力于优化数据的共享和利用。例如，通过定期的跨部门会议和数据共享平台，促进信息的流通和整合，提高数据的利用效率②。

（3）加强数据安全和隐私保护

数据安全和隐私保护是数据治理的重要内容。一个强有力的数据治理文化可以增强组织在数据安全和隐私保护方面的意识和能力。具体来说，数据治理文化可以推动组织制定和实施严格的数据安全政策和隐私保护措施，如数据加密、访问控制和数据备份等。此外，通过不断培训和宣传，增强员工的数据安全意识，减少数据泄露和安全事件的发生。

（4）确保数据合规

数据合规是指数据管理和使用符合相关法律法规和行业标准。数据治理文化可以促进组织在数据合规方面的建设和完善。在一个良好的数据治理文化中，组织会定期审查和更新数据治理政策和流程，确保其符合最新的法律法规和行业标准。例如，通过定期的合规审计和员工培训，确保组

---

① R. Y. Wang, D. M. Strong, "Beyond Accuracy: What Data Quality Means to Data Consumers," *Journal of Management Information Systems* 4（1996）.

② 杨会良、陈兰杰：《基于扎根理论的跨部门政务信息共享影响因素实证研究》，《情报杂志》2016 年第 11 期。

织在数据处理过程中符合所有的合规要求，避免数据管理不当导致的法律风险和经济损失。

（5）简化数据管理技术和工具的使用

数据治理文化简化数据管理技术和工具的使用，提高数据治理的效率和效果。通过建立统一的数据管理标准和流程，减少不同数据管理工具之间的兼容性问题，提高数据管理的整体效率。例如，通过标准化的数据格式和接口，简化数据的集成和分析过程，降低数据管理的复杂性。此外，通过培训和支持，提高员工使用数据管理工具的熟练度，进一步提升数据治理的效率。

7.5　数据治理文化的分类

数据治理文化是一个十分复杂的概念，从不同的角度入手，数据治理文化可以分为不同的类型。

7.5.1　按参与主体分类

数据治理文化并不隶属于某一个人，而是涉及数据生产者、数据管理者、数据使用者和数据拥有者，因此数据治理文化按照不同的参与主体可以分为数据生产者文化、数据管理者文化、数据使用者文化和数据拥有者文化。

（1）数据生产者文化

数据生产是数据治理的初始环节，是整个数据治理流程的起点。早期的数据生产者大多是科研工作者等专业人员。随着 Web 2.0 时代的到来，数据用户借助网络有了更多表达自己观点的机会，逐步成为数据生产者。

用户生成内容（User Generated Content，UGC）泛指在网络上发表的由用户创作的文字、图片、音频、视频等内容，是 Web 2.0 时代一种新兴的网络信息资源创作与组织模式。它的发布平台包括微博、博客、视频分享网站、维基、在线问答、SNS 等社会化媒体①。用户生成内容有以下三个特征：以网络出版为前提；内容具有一定程度的创新性；由非专业人员或权威组织

①　赵宇翔、范哲、朱庆华：《用户生成内容（UGC）概念解析及研究进展》，《中国图书馆学报》2012 年第 5 期。

创作，与以学术期刊为载体的学术论文创作具有一定的相似性。

基于用户生成内容的以上特征，目前的数据生产者数量庞杂，生产的数据更是海量。如果数据生产者随心所欲地生产数据，那么数据世界必将十分混乱，影响数据后续的加工、处理、使用等环节，数据生产者文化应运而生。

（2）数据管理者文化

美国管理学家彼德斯和托马斯在《成功之路》一书中写道："文化占有主导地位并且贯彻始终，这点已被证实是出色公司的根本性特征，无一例外。"① 由此，可以认为文化是数据管理过程中不可或缺的重要因素。

数据管理者文化是指在组织内部形成的重视数据、强调数据管理重要性的价值观和行为模式。这种文化鼓励所有成员理解数据的价值，并积极参与数据的创建、维护、使用和保护过程。它不局限于技术团队，而是贯穿整个组织的各个层级和部门。具有积极数据管理者文化的组织通常会表现出以下几个特征。

第一，数据驱动决策。决策过程基于数据分析结果，而不是仅凭直觉或经验。

第二，重视数据质量。认识到高质量数据的重要性，并采取措施确保数据的准确性、完整性和一致性。

第三，数据处理透明度高。明确数据的所有权和责任，确保数据处理过程透明且可追溯。

第四，鼓励数据共享。促进跨部门的数据共享和合作，打破数据孤岛，提高整体效率。

第五，持续学习与发展。鼓励组织成员提升自己的数据技能，包括数据分析能力、数据隐私保护能力等。

第六，合规性与安全性。严格遵守相关法律法规，对数据进行适当的保护，防止数据泄露或滥用。

（3）数据使用者文化

随着社会进入数据时代，每个人的学习、生活、工作都离不开数据，数据是做出一切决策的依据，更是参与一切活动的基础。可以说，当今社

---

① 柯平：《图书馆管理文化三论》，《图书情报知识》2005 年第 5 期。

会的每个人都无形中成为数据使用者。在使用数据的过程中，数据使用者
形成了独特的文化。

当前，互联网数据呈现出实时性、全面性、交互性、伴随性以及整合
性，这使人们拥有跨越时空互动交流的体验，在带来生活便利的同时，对
数据使用者提出了新的挑战。这些挑战主要是数据的以下特点导致的。

①数据量大、时效性强。数据最典型的特点就是数量巨大。数据浩如
烟海、包罗万象，涵盖了几乎所有的人类社会生活领域，覆盖了不同学
科、不同领域、不同语言。同时，互联网的发展使数据增长速度大大提
升，一旦未能及时掌握有用的数据，数据将很快失去时效性，淹没在大数
据的洪流中。

②形式多样、结构复杂。在数据以互联网为传播媒介后，数据的类型更
加丰富，除了传统的文本形式外，还包括大量的图像、音频、视频、软件等
非文本形式，呈现多媒体、多类型、跨地区、跨语种的特点。另外，数据中
80%~90%都是半结构化或非结构化数据，而且规模相对于结构化数据呈
现 10~50 倍的快速增长状态，这给数据使用者使用数据带来了困难[①]。

③质量参差不齐。目前，互联网等获取数据的途径具有很强的开放
性，用户存储和发布信息具有很高的自由度，这必然导致大量冗余、粗制
滥造甚至虚假的数据迅速传播。目前还没有强有力的工具对数据的质量进
行评估，这就给数据使用者的选择带来了很大的不便。

数据的以上特点给数据使用者带来了诸多障碍，因此数据使用者必须
具备一定的文化素养来适应时代的发展。首先，数据使用者必须认识到数
据在学习、工作、科研等过程中的地位与价值，具备使用数据的意识，严
谨地对待每一个数据并尊重数据；其次，数据使用者应用明确的语言表达
数据需求，并通过多种方式来准确收集解决问题所需的数据，合理使用受
知识产权保护的数据；最后，数据使用者应用充分的工具对数据进行正确
的分析与表达，并能批判性地评价数据，审核数据的正确性。

（4）数据拥有者文化

大数据既属于数据公司，又有公共财产的性质。数据拥有者享有的数
据权利，主要包括以下方面。

---

① 赵纯：《互联网文化数据情报信息的收集与使用》，《科技展望》2016 年第 31 期。

①数据专有权：指数据受到所有人的完全控制，排除他人的干扰，强调数据的归属。

②数据知情权：指数据主体自由享有获取合法且可供查询的数据的权利。

③数据许可使用权：指数据的拥有者在合法范围内可以授权个人或企业使用其数据的权利，强调数据拥有者对数据的主导地位。

④数据交易权：指依法对个人数据进行交易、流通的权利，强调数据的可流通性。

⑤数据请求权：指在权利行使过程中遇到某种障碍时，数据拥有者有权请求排除障碍，强调数据的被保护性。

⑥数据求偿权：指当权利受损并造成损失时，数据拥有者有权依法请求赔偿，强调了数据的救济性。

权利和义务是共生的，数据拥有者在享受数据权利的同时必须承担数据义务，具体表现在以下方面。

①尊重版权：数据拥有者拥有的数据可以是自我生产的，也可以是从其他途径获得的，但无论是哪一种渠道，都必须是合法合理的，要尊重数据的版权。

②维护数据安全：数据拥有者拥有海量数据，这些数据类型众多，质量也参差不齐，数据拥有者要识别不安全的数据并剔除，以保证数据的安全性。

③促进数据共享：数据具有非排他性，数据并不会因为使用它的人数增多而贬值，数据拥有者要将数据共享给更多人，使数据价值最大化。

数据义务的履行仅靠法律的强制是远远不够的，更重要的是数据拥有者的自我约束，即数据拥有者文化。

7.5.2 按数据治理主体分类

数据治理存在于政府、企业以及个人的活动中，按数据治理主体分类，可以将数据治理文化分为政府数据治理文化、企业数据治理文化和个人数据治理文化。

（1）政府数据治理文化

政府作为政务数据的采集者、拥有者和管理者，掌握着全社会80%以上的数据，且这些数据蕴含着巨大的社会与经济价值，其开发利用可以提

升政府的透明度和工作效率，促进数字经济发展。

2017年，习近平总书记提出，要运用大数据提升国家治理现代化水平[①]。2019年，习近平总书记在中共第十九届中央委员会第四次全体会议上提出，要更加重视运用人工智能、互联网、大数据等现代信息技术手段提升治理能力和治理现代化水平[②]。大数据等技术较为发达的国家已经在打造具有自身特色的大数据治理框架，致力于领跑大数据时代。如何通过提升政府数据治理能力实现基于大数据的经济社会腾飞，成为理论界和政府相关部门思考的紧迫课题[③]。

在这样的大背景下，我国对于政府数据治理的关注达到了前所未有的高度。简单来说，政府数据治理是政府对社会公共事务治理中产生或需要的数据资源的治理，把政府数据作为治理对象，可以保证公共机构内部数据（尤其是业务信息系统数据）的质量、准确和安全等[④]。政府数据具有非常高的利用和增值价值，对政府数据本身进行治理也就演化成政府治理体系的重要组成部分[⑤]。

在政府数据治理活动中，理论界和实务界越来越多的相关人士强调重视政府数据文化的功能，要把政府数据文化的社会作用当作提高政府数据治理能力的重要抓手，通过文化的整体性视角、协同性价值以及基于文化认知形成的行动自觉，形成新时代加快我国政府数据治理的基本路径，尽快汇聚成具有我国文化自信和文化自觉的政府数据文化[⑥]。

政府数据治理文化可以理解为：在政府数据治理实践过程中，由参与的主客体所产生、积淀、创新并最终稳定下来，对参与的主客体以及外部环境产生影响和作用的行为习惯、制度规范、思维方式以及价值观念等的总和。一方面，提供政府数据治理服务的主体是政府数据治理文化形成的

① 《在十九届中央政治局第二次集体学习时的讲话》（2017年12月8日），《人民日报》2017年12月10日。
② 《关于〈中共中央关于坚持和完善中国特色社会主义制度、推进国家治理体系和治理能力现代化若干重大问题的决定〉的说明》，《习近平谈治国理政》（第三卷），外文出版社，2020，第115页。
③ 陈德权、林海波：《论政府数据治理中政府数据文化的培育》，《社会科学》2020年第3期。
④ B. Otto, *A Morphology of the Organisation of Data Governance*, European Conference on Information Systems，2011.
⑤ 陈德权、林海波：《论政府数据治理中政府数据文化的培育》，《社会科学》2020年第3期。
⑥ 陈德权、林海波：《论政府数据治理中政府数据文化的培育》，《社会科学》2020年第3期。

主要推动者，如行政系统内部工作人员达成高度重视政府数据治理的共识，形成利用数据分析、决策和管理的行动自觉，创新政府数据治理思维等。另一方面，行政系统外部的社会成员对于政府数据治理的认知、态度和价值观念也被包含在政府数据治理文化中。政府数据治理文化是政府数据治理的灵魂，为政府数据治理提供精神动力和观念引领。

政府数据治理文化属于行政文化的范畴，具有行政文化表现出来的较强政治性、鲜明实践性、历史性与渗透性等一般特征[1]。同时，由于政府数据治理文化产生于政府数据治理过程中，其也表现出"尊重事实""推崇理性""以人民为中心"等独有的特征。

（2）企业数据治理文化

在大数据时代，企业要想在竞争中保持领先地位，不仅依赖设备和技术的更新，而且依赖其掌握数据的多少及其对数据资源的开发利用能力。数据治理不仅为企业发现市场机会提供了新的途径，还为市场投资指明了方向。在这样的背景下，企业数据治理文化应运而生。

企业数据治理文化可以定义为：为了适应大数据时代的新要求，充分利用数据以发挥数据的最大价值，在整个企业内部构建数据价值思维、数据共享思维并营造数据开发利用氛围等过程中所涉及的知识、政策、法规、制度等内容。其目的是使企业在激烈的市场竞争中不断发展，并培育理性、安全、共享的数据治理文化。企业数据治理文化不仅是企业数据治理实践的重要组成部分，而且是实现企业数据治理目标的关键驱动力。

由于企业的营利性质，企业数据治理文化具有与政府数据治理文化完全不同的特征，主要表现为：企业数据治理文化是在企业治理实践中逐步形成的；企业数据治理文化在很大程度上决定了企业的数据治理结构；企业数据治理文化的核心组织载体是董事会。

（3）个人数据治理文化

在数字化时代，数据已成为个人身份的一部分，每个人既是数据的生产者，也是数据的拥有者、使用者和管理者。这种多重角色的叠加，意味着个人数据治理在日常生活中的重要性与日俱增。早在2011年，世界经济论坛就已经将个人数据定义为新的资产类型，个人数据成为商业创新的动

---

[1]　金太军主编《行政学原理》，中国人民大学出版社，2012。

力。个人数据治理的程度直接影响个体在社会网络中的地位和影响力，进而决定其在公共话语体系中的参与度和话语权。

个人数据治理文化作为指导个人在数据全生命周期中治理行为的规范，涵盖了从数据产生、存储、处理到分享和删除的每一个环节。它不仅涉及对个人信息的保护，如隐私权、数据安全等，还包括对数据的合法使用、共享原则及道德责任的遵守。

个人数据治理文化有以下几个特征。第一，个人数据治理文化倡导个人应认识到自己是数据的主人，有权控制自己的数据如何被收集、存储和使用。这种意识的强化有助于个人在数据交易和社会互动中维护自身权益，提升自身在社会对话中的地位。第二，个人数据治理文化强调对隐私的尊重和保护，避免数据滥用。这要求个人在利用和分享数据时应审慎考虑潜在的风险，同时遵循数据伦理，不侵犯他人的隐私权。第三，个人数据治理文化要求个人具备基本的数据素养，包括数据解读、分析和判断能力。这使个人能够更加理性地参与基于数据的决策和讨论，增强个人在社会话语中的说服力和影响力。第四，个人数据治理文化提倡在适当的情境下进行数据共享，促进知识的交流和创新。通过建立信任和透明的机制，个人可以在保护隐私的同时积极参与社会的集体智慧和资源共享。

个人数据治理文化的建设有助于营造一个健康、可持续的数字生态环境，使每个人在享受数据带来的便利时能充分行使自己的权利，参与社会对话，发挥应有的社会作用。在这一过程中，个人数据治理的成熟度直接反映了个人在现代社会中的话语权和影响力，成为衡量个体数字公民身份的重要指标。

拓展阅读

统一数据的认识三观　发挥数据的核心价值

数据治理涉及组织体系、标准体系、流程体系、技术体系和评价体系五大领域，包含数据标准、数据质量、主数据、元数据、数据安全等多方面内容，需要从整个组织考虑，建立专业的数据治理组织体系，进行数据资产的确权，明确相应的治理制度和标准，形成整个组织的数据文化意识。只有企业从上到下建立整体、正确、系统的数据三观，统一对数据价值、数据治理、数据应用的思想和认识，才能使数据要素发挥最大价值，提升企业核心竞争力。

价值观：数据是有价值的

数据是信息的载体，在数字经济时代，每1秒都能产生大量的数据，企业只有在这些数据中提炼有价值的信息，才能让数据产生价值，并让数据参与企业的经营决策，从而产生更大的价值。如果认知仅仅停留在数据统计、改进产品和营销或者提供决策支持层面，那么对数据价值的认知还是较浅的。机器智能的产生与普及是数据更深层次的价值，机器一旦产生和人类一样的智能，将对人类社会产生巨大的影响。

2020年4月9日，《关于构建更加完善的要素市场化配置体制机制的意见》发布，首次将数据与土地、劳动力、资本、技术并列为五大要素。数据要素经济价值的确认为中国数字经济发展驶入快车道奠定了基础。学理表明，数字经济可以降低搜索成本、复制成本、交通运输成本、追踪成本、验证成本，进而对国家和地区及消费者与生产者带来深远的影响。在实践层面，以在线办公、教育、娱乐、医疗、餐饮等为代表的数字经济模式催生了数据价值增长红利。

治理观：数据是要治理的

将数据用于企业战略决策，可以提升运营效率和盈利能力，正确治理数据至关重要。治理不善将导致数据不被信任、数据利用率下降，且可能错失差异化竞争的关键机会。随着更多数据在企业中产生，数据治理变得越来越复杂。除了数据泛滥之外，从创建的角度来看，数据不断变化，当它流经数据供应链时，以无数种方式使用并变换。数据流向各种系统、流程和环境，数据质量始终处于关键位置。

要实现数据资产的最佳回报，确保组织从业务角度精确了解数据并量化其质量至关重要。当企业没有易理解、高质量、易访问的数据时，就会阻碍业务部门对数据的使用。如果业务部门确实利用了不准确、不完整或不适当的数据，则可能导致决策失误。只有将数据治理纳入组织战略，才能确保数据资产的准确和完整，从而发挥数据资产的有效价值。

文化观：数据是应使用的

数据文化丰富的企业都有较强的竞争力。数据文化是企业在运营过程中必须构建的,要求所有员工和决策者关注现有数据所传达的信息,并根据这些信息做出决策,建立"一切以数据说话"的制度,而不是基于特定领域的经验。从工厂到总部,从员工到经理,从现场首检到年报,在研发、生产、供应、营销、人事、财务等环节进行数据化管理,实现各类表单系列化、系统化、规范化、标准化,"无数据不开会,无数据不文章,无数据不开机,无数据不下线,无数据不出厂"。

为了构建数据文化,部门和组织必须让数据"说话",并且信任数据的指导。企业需要不断整理、更新并开放数据,以便员工可以随时获得最准确的信息,有效实现数据访问。数据文化的构建并不是一朝一夕就可以完成的,企业的思维取决于经营者的思维。只有将数据文化当作企业的重要文化进行建设,才能慢慢地将企业的组织文化建立在数据的基础上,引导企业远离风险。

(资料来源:阿里云网站,2022 年 12 月 14 日)

本章思考题

1. 如何理解文化?
2. 数据治理文化可以分为哪些类型?
3. 为什么说数据治理文化是数据治理的核心驱动力?

［下 篇］

8　企业数据管理

《关于促进企业数据资源开发利用的意见》提出，"数据已成为企业发展的重要资源，加强企业数据资源开发利用，是推进全国一体化数据市场建设、实现数据资源配置效率最优化和效益最大化的重要举措，是更好发挥市场机制作用、创造更加公平更有活力市场环境的必然要求"[①]。深入了解企业数据管理有助于释放企业数据价值，本章将重点从企业数据价值实现、企业数据管理内容以及企业数据管理体系等方面展开讨论。

8.1　企业数据的含义、类型及特点

8.1.1　企业数据的含义

狭义的企业数据一般只是概况介绍，包括企业经营范围、联系方式、规模等，通常是公开的数据。广义的企业数据一般指的是企业自身所产生的数据以及从外部购买的数据。总的来说，企业数据就是企业在生产经营过程中形成或合法获取、持有的数据[②]。

8.1.2　企业数据的类型[③]

（1）根据企业数据含义分类

主数据（MD Master Data）：表示有关业务对象的非事务性信息，是描述业务运营核心实体的一致且统一的标识符集。通常，主数据是企业核心

---

① 《国家数据局等部门关于促进企业数据资源开发利用的意见》，中国政府网，2024 年 12 月 20 日，https://www.gov.cn/zhengce/zhengceku/202412/content_6994570.htm。
② 《国家数据局等部门关于促进企业数据资源开发利用的意见》，中国政府网，2024 年 12 月 20 日，https://www.gov.cn/zhengce/zhengceku/202412/content_6994570.htm。
③ 本部分资料来源：《晓谈企业数据管理一：数据类型》，36 氪网站，2024 年 4 月 1 日，https://www.36kr.com/p/2711380204484482。

业务的共享数据（也称基准数据），涵盖客户、产品、供应商等关键信息，具有跨系统、跨部门共享的特性。例如，具有标准化定义和属性的特定供应商是主数据，其唯一 ID 纳入业务活动的事务系统。

交易数据：描述核心业务活动和交易。交易数据可能包含有关采购、生产、销售等活动的信息。

分析数据：交易数据的汇总，可以在主数据的帮助下进行切片和切块以助力业务分析。

规则数据：描述业务规则变量，是明确业务规则的核心数据。规则数据不可实例化，只以逻辑形式存在，如员工报销遵从性评分规则等。

报告数据：对数据进行处理加工后用作业务决策依据的数据。通常需要对数据进行加工处理，将不同来源的数据进行清洗、转换、整合，以便更好地进行分析，如收入、成本的分析数据。

元数据：定义数据的数据，描述了数据（数据库、数据元素、数据模型）、相关概念（业务流程、应用系统、软件代码、技术架构）以及它们之间的关系，如数据标准、业务术语、指标定义等。

事务数据：用于记录企业经营过程中的业务事件，是主数据之间活动产生的数据，如支付指令等。事务数据无法脱离主数据存在。

观测数据：观测者通过观测工具获取观测对象行为、过程的相关数据，如系统日志、物联网数据、运输过程产生的 GPS 数据等。观测数据属于过程性数据。

（2）根据企业数据来源分类

企业内部数据：企业在生产经营过程中产生的一系列数据，如产品数据、用户数据等。

企业外部数据：企业通过相关渠道合法合规向数据中介或数据持有方以购买或申请授权的方式所获得的数据。

8.1.3 企业数据的特点①

企业数据作为企业运营的核心资产，具有应用场景广、相互独立、质量不稳定、安全要求高、模型变动快的特点。

---

① 本部分资料来源：《漫谈数据治理之四：企业数据该怎么搞》，CSDN，2020 年 5 月 16 日，https://blog.csdn.net/gaixiaoyang123/article/details/106163804。

数据应用场景广：企业数据在企业内部和外部都有广泛的应用场景。在企业内部，企业数据以多种形式呈现给各层级管理者，以满足日常工作需求。这些数据包括但不限于生产数据、财务数据、人力资源数据等，通过可视化工具和报表系统，管理者可以实时监控企业的运营状况，做出科学合理的决策。在企业外部，企业提供的数据集成包满足不同领域和不同用户的需求。例如，企业可以与供应商、客户、合作伙伴等共享数据，以实现供应链协同优化、客户关系管理强化和服务质量提升。

相互独立：在企业日常生产经营过程中，每一部分所产生的数据都是不同的。例如，制造数据主要涉及生产过程中的设备运行状态、生产进度、质量控制等；客户数据则包括客户基本信息、购买行为、满意度等。由于各系统间数据标准不同，数据之间较为独立。

质量不稳定：企业数据来源于企业的各个阶段，从生产过程中的原始数据到最终的分析数据，数据质量参差不齐。在生产过程中，数据采集设备的精度、数据传输的稳定性等因素都会影响数据的准确性。此外，数据格式不统一、数据缺失、数据冗余等问题也较为常见。

安全要求高：企业数据是企业的核心资产，包含大量企业机密信息，如商业秘密、客户隐私等。因此，数据的安全管理至关重要。无论是数据的存储、传输还是查询，都需要严格的安全措施。高敏感度企业数据的泄露，不仅会损害企业的经济利益，还可能引发严重的公共危机，影响企业的声誉和品牌形象。

模型变动快：数据模型是数据的业务体现，反映了企业的组织结构和业务流程。随着企业组织结构的调整、业务流程的优化以及市场环境的变化，数据模型不断调整。例如，企业引入新的业务系统、合并或拆分部门等，都会导致数据模型的变动。

8.2　企业数据价值实现[①]

企业数据具有可观的价值，需要通过价值实现过程使其转化为具体的

[①] 本部分资料来源：陈兰杰、刘思耘：《数据要素价值实现机制：基本逻辑、影响因素和实现路径》，《西华大学学报》（哲学社会科学版）2025 年第 1 期。

经济效益，如何实现企业数据价值成为重点问题。具体而言，要实现企业数据价值，就要做好企业数据资源化、资产化和资本化。这3个环节依次递进，协同构建企业数据价值实现的完整框架，确保企业数据从原始资源转化为驱动企业增长的关键资本。

8.2.1 企业数据资源化

企业数据通常由两部分构成，一部分来自企业自身，如生产经营活动中产生的大量非结构化数据以及经过加工处理后形成的优质数据等；另一部分来自企业外部，是企业向数据主体或者中介机构等购买的其他数据。数据资源化是指将原本分散、无序的数据通过采集、清洗、整合等步骤，转化为有序、有价值的信息资源[1]。企业数据资源化就是针对企业数据进行资源化的过程。原始企业数据来源不同导致其在格式、质量上都有差异，资源化能够推动企业数据流动，是企业数据价值实现的第一步。

8.2.2 企业数据资产化

企业数据资产化简单来说就是将企业数据资源进一步转化为企业数据资产的过程。《数据资产管理实践白皮书（4.0版）》将数据资产定义为"由企业拥有或控制的，能够为企业带来未来经济利益的，以物理或电子的方式记录的数据资源，如文件资料、电子数据等"[2]。

数据资产化是指将数据视为一种具有明确产权和交易价值的资产，通过法律和市场机制进行确认和交易[3]。企业数据资产化就是通过数据整理、资产登记、价值评估等一系列流程，形成数据资产合规报告、数据资产登记证书、数据资产价值评估报告，最后以无形资产的形式计入总资产的过程。2024年1月1日起实施的《企业数据资源相关会计处理暂行规定》明确了数据资源的适用范围、会计处理准则、应用场景以及披露规定[4]。自

---

[1] 《探索数据资源化、产品化、价值化、资产化的可行路径》，北京通信信息协会网站，2024年10月8日，https://www.bita.org.cn/newsinfo/7631202.html。

[2] 《信通院发布〈数据资产管理实践白皮书（4.0版）〉（附PPT解读）》，安全内参网，2019年6月5日，https://www.secrss.com/articles/11176。

[3] 《探索数据资源化、产品化、价值化、资产化的可行路径》，北京通信信息协会网站，2024年10月8日，https://www.bita.org.cn/newsinfo/7631202.html。

[4] 《关于印发〈企业数据资源相关会计处理暂行规定〉的通知》，中国政府网，2023年8月1日，https://www.gov.cn/zhengce/zhengceku/202308/content_6899395.htm。

此，企业可以使用已资产化的数据对自身进行审查，清晰掌握产品、用户、市场等发展现状并预测未来发展趋势。2024年1月，青岛华通集团将公共数据融合社会数据治理的数据资源——企业信息核验数据集列入无形资产数据资源科目，计入企业总资产，成为青岛市首个企业数据资源入表案例。

总体而言，企业数据资产化是围绕数据价值的深度挖掘与最大化利用而展开的一系列综合性活动，涵盖了数据采集、精细加工、科学治理、创新开发、数据交易等关键环节，每一个环节都旨在促进数据资源向高价值数据资产的转化，从而全面释放数据的内在潜力与商业价值。

8.2.3　企业数据资本化

企业数据资本化是企业数据资产化的延伸。在此阶段，企业数据转化为更加具有长期经济效益的数据资本，通过贷款、投资、证券化等方式，使企业数据在经济层面上获得增值。这一过程涉及企业数据的社会化配置，其核心在于通过数据交易与流通机制实现数据价值的最大化。

目前，企业数据资本化进展顺利，已有不同类型的具体案例，包括数字增信贷款、数据资产证券化、数据信托、数据资产保险、数据股权化等。

（1）数字增信贷款

在完善的企业数据知识产权登记保护制度下，数字资产可进行质押融资与无抵押融资，以释放企业数据资源的经济价值，增强其资本化能力。2023年8月，温州市康尔微晶器皿有限公司以其研发数据作为质押物，成功获得了中国银行龙港市支行授予的数据知识产权质押授信1亿元，这一金额在当时创下了国内数据知识产权单笔质押融资金额的最高纪录[①]。

（2）数据资产证券化

数据资产证券化是以数据资源未来价值或现金流为基础资产，在资本市场发行以支持证券融资的金融创新模式。2023年7月，杭州高新金投控股集团有限公司发布全国首单含数据知识产权的证券化产品——2023年度

---

① 《某银行落地首单数据资产质押贷款分析》，搜狐网，2024年6月18日，https://www.so-hu.com/a/786795929_530801。

第一期杭州高新区（滨江）数据知识产权定向资产支持票据（ABN），发行金额为 1.02 亿元，票面利率为 2.80%，期限为 358 天①。

（3）数据信托

数据信托将数据权益作为信托财产，将信托公司作为独立第三方受托人，依据信托目的管理、监督数据权属相关方使用行为，维护数据主体权益并推动数据流通。2023 年 7 月，广西电网公司在北部湾大数据交易中心完成首笔电力数据产品登记及交易，与中航信托等签署数据信托协议，完成全国首单电力数据信托产品、广西首单公共数据产品场内交易②。

（4）数据资产保险

数据资产保险是针对数据资产在存储、交易、应用等环节中可能面临的风险提供保障的新型保险产品，其核心目的是通过风险转移机制降低企业数据资产化过程中的不确定性，推动数据要素市场化进程。数据资产保险通过保险手段覆盖数据资产全生命周期的风险场景，包括数据损坏、泄露、侵权、交易纠纷等，为企业提供经济补偿和风险管理支持。例如，深圳首单数据资产损失保险为企业的 ESG 数据提供 100 万元赔偿保障，涵盖数据丢失、恢复费用等③。

（5）数据股权化

数据股权化是参考技术入股等要素收入分配模式，建立数据入股机制，允许数据需求方以股权置换数据持有方的特定数据权益。2023 年 8 月，青岛华通智能科技研究院有限公司、青岛北岸数字科技集团有限公司与翼方健数（山东）信息科技有限公司共同签署了数据资产作价投资入股协议。在此之前，相关数据产品已经由第三方专业机构进行了评估，并出具了详细的估值报告，这份报告为数据资产作价入股提供了明确的凭证④。

---

① 《数据资产证券化的主要模式与实现路径》，新浪网，2025 年 1 月 7 日，https://finance.sina.com.cn/money/bond/market/2025-01-07/doc-ineecwev1466000.shtml。

② 《富晓行｜论个人数据利益分配中的数据信托模式》，澎湃网，2025 年 1 月 16 日，https://www.thepaper.cn/newsDetail_forward_29943506。

③ 《全国首单数据资产损失保险落地 推动数据从资源向资产转化》，21 经济网，2024 年 6 月 18 日，https://www.21jingji.com/article/20240618/herald/aec33ef24d2f1d9d27bfc8de80fa746f.html。

④ 《数据资产化：数字经济与企业价值重构》，第一财经网站，2025 年 1 月 17 日，https://www.yicai.com/news/102445904.html。

8.3　企业数据管理内容

企业数据管理内容涵盖企业数据集成管理、企业数据质量管理、企业数据安全管理和企业数据服务管理，这些管理内容相互配合，共同构成了企业数据管理的完整体系。

8.3.1　企业数据集成管理

企业数据集成管理是指对企业内部不同来源、格式、类型以及业务系统的数据，在逻辑或物理层面进行整合与统一管理的过程，旨在打破数据孤岛，实现数据一体化与标准化，为企业提供全面、准确、一致的数据视图，从而支撑决策分析与业务流程优化。在企业信息化建设中，常形成ERP、CRM、SCM 等系统的数据孤岛，其数据相互独立，难以共享与协同。为了有效解决这一问题，企业数据集成管理应运而生，通过一系列技术手段和管理流程，实现数据的整合与协同。具体而言，通过数据抽取、转换与加载等操作，将分散的数据整合至中央存储库，如数据仓库或数据湖，助力企业提升决策效率，实现流程自动化，实时掌握市场动态与客户需求，加快策略调整，精准把握资源状况，实现资源化配置[1]。

企业数据的集成类型一般包括手动数据集成、批量数据集成、实时数据集成、云数据集成、数据服务集成 5 种，企业可以根据实际需要选择适合自身的类型进行数据集成[2]。例如，办公平台钉钉为了满足企业对实时业务数据分析和报表生成的需求，设计并实施了一套高效的数据集成方案。通过调用钉钉 API 接口，定时可靠地抓取所需的数据，并利用 MySQL、API 等进行批量写入。该方案拥有高吞吐量的数据写入能力、集中监控和告警系统、自定义数据转换逻辑、分页与限流处理、异常处理与错误重试机制、可视化的数据流设计工具。通过上述技术手段，成功实现了从钉钉到 MySQL 的大规

---

① 《企业数据集成：构建高效信息管理的重要基石》，数环通网站，2023 年 11 月 17 日，https://www.solinkup.com/blog/4167。

② 《什么是数据集成平台？数据集成平台推荐》，腾讯云网站，2023 年 9 月 19 日，https://cloud.tencent.com/developer/article/2330669。

模、高效率的数据同步，不仅提升了业务透明度，还显著优化了资源配置，为企业决策提供了强有力的数据支持①。

8.3.2 企业数据质量管理

在企业高效业务运营与有效决策中，高质量的数据是基础，若使用质量较差的数据，会对企业产生直接和间接的负面影响。直接影响包括经济损失、成本增加和名誉受损；间接影响则可能导致错误决策，增加无形成本和运营风险。因此，确保数据质量对于企业的稳定运营和长期发展至关重要，企业需建立数据质量管理体系，旨在确保数据的准确性、完整性、一致性、及时性和可靠性，实现数据质量的监控、评估与改进。

根据数据质量的特点，企业数据质量管理体系应涵盖评估、监控、控制3个关键环节。首先，企业需开展数据质量评估工作，通过设定准确性、完整性、一致性、重复性等关键指标，对数据质量进行量化分析。这一环节是数据质量管理的起点，旨在明确数据质量的现状，为后续的监控与控制提供科学依据。其次，企业应建立数据质量监控机制，实时跟踪数据质量，以便及时发现潜在问题并做出预警。监控环节能够确保企业在数据全生命周期的各个阶段及时捕捉问题，避免状态进一步恶化。最后，企业需实施数据质量控制措施，在数据环境中构建"防火墙"，依据问题的根本原因分析并提出有针对性的处理策略。通过在入口运行测量与监控程序，从源头或上游预防数据问题，防止不良数据向下游传播。数据质量控制能够有效避免不良数据对其他数据和业务造成影响，从而保障数据的高质量与业务的稳健运行。

此外，数据质量评估贯穿上述全过程，是企业数据质量管理的核心。企业数据质量管理的目标是获取可信且可用的数据，而此类数据应具备实用性、准确性、及时性、完整性、有效性、规范性等。因此，企业在设置数据质量评估标准时，必须以满足可信与可用数据的要求为依据，确保评估标准能够全面覆盖上述特征，从而为数据质量管理提供科学、严谨的衡量依据。在质量管理前期，对数据开展初步筛选工作，确保数据在进入核心业务流程之前符合基本的质量标准；质量管理完成后，再对数据进行二次审核，从而全方位、系统性地评估数据质量,确保数据的可靠性和有效性。通过这种分阶段、多层次的质量管理方法,企业能够有效提升数据质量,为业务决策和运营提供坚实的数据支持。以美团为例[①],其数据质量监管平台 DataMan 致力于通过闭环管理全面提升数据质量,如图 8-1 所示。在建设方法上,美团

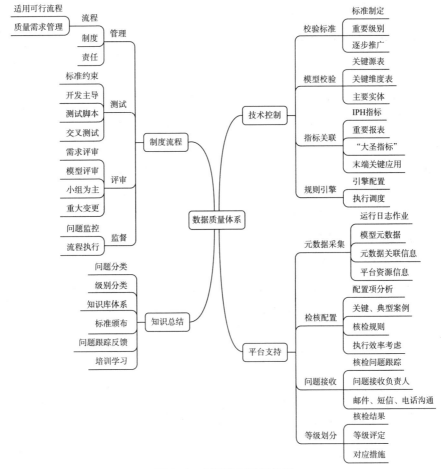

图 8-1 美团数据质量体系

说明:"大圣指标"是一种用于股票技术分析的工具,主要用于判断股票的买卖时机和价格趋势。该指标通过特定的公式对股票进行选股,结合股票的基本面和技术面分析,帮助投资者制定合理的买卖策略。

资料来源:《美团数据质量监管平台实践》,美团网,2018 年 3 月 21 日,https://tech. meituan. com/2018/03/21/mtdp-dataman. html。

---

① 《美团数据质量监管平台实践》,美团网,2018 年 3 月 21 日,https://tech. meituan. com/2018/03/21/mtdp-dataman. html。

采用 PDCA 方法论，对数据质量需求及问题实施全生命周期管理。在质量核检标准方面，充分考虑大数据快速变化、多维度、定制化和资源量大等特点，从完整性、准确性、合理性、一致性和及时性等维度进行考量。同时，通过流程化管理，推动形成数据问题从发现、跟踪、解决到总结的闭环，形成清晰的职责与角色矩阵，为数据质量的持续提升提供制度保障。

8.3.3 企业数据安全管理[①]

企业数据安全管理是企业确保数据保密性、完整性和可用性的关键活动，旨在防范数据泄露、侵犯和滥用等威胁，为企业提供安全稳定的信息环境。数据安全是企业数据管理的核心，一旦出现问题，将带来巨大损失。因此企业需采取技术和管理措施，确保数据的安全。同时，企业数据安全管理是一个综合性过程，它不仅涉及技术和管理措施，还需要遵循相关法律法规。

为了确保数据的安全性和合规性，企业需要围绕两个核心展开工作。一是依据数据安全法律法规，如《中华人民共和国网络安全法》《中华人民共和国数据安全法》《中华人民共和国个人信息保护法》等，确保管理的合法性和规范性；二是制定并实施数据安全管理方案，涵盖风险预防、识别和应对机制。具体而言，在事前管理方面，企业可以制定管理规范、明确组织架构、开展教育培训以及实施技术措施。为了确保企业经营活动的合法合规，企业还需要建立健全识别机制，开展审计、投诉与举报处理、风险评估和审查等工作。同时，开展内部调查、实施问责与惩戒等快速响应和有效处理问题的能力也是企业开展数据安全管理的重点。以上措施有机结合，可以构建一个全方位的企业数据安全管理体系，不仅能有效防范数据安全威胁，还能在问题发生时迅速响应并加以解决。

平安银行数据安全管理体系建设展示了一个成功的企业数据安全管理实践[②]。平安银行以"做标签、打标签、用标签"的思路，对数据安全进行分类分级管理。在组织层面，成立个人信息保护委员会、数据治理工作组及

---

① 本部分资料来源：李华晨：《企业数据安全管理：实现路径、构成要素和基本要求》，《中国科技论坛》2024 年第 12 期。
② 《平安银行智能化数据安全分类分级实践分享》，安全内参网站，2024 年 4 月 27 日，https://www.secrss.com/articles/65669。

网络与信息安全管理委员会，横向推动数据安全保障责任落实。在技术层面，构建数据分级分类平台、统一用户授权平台、数据第三方交互评估机制，全方位支撑数据安全管理体系落地，筑牢数据安全防线。

8.3.4 企业数据服务管理[①]

企业数据服务管理是指将数据作为服务提供给企业内部各部门以及外部合作伙伴，以支持业务决策、优化流程和辅助创新。只有在确保数据安全、合法合规并保证质量的前提下，企业才能开放数据服务。为此，企业需设立专门的数据服务管理部门，负责规划、协调和监督数据服务工作，推动其规范化和制度化。该部门应组建专业团队，包括数据管理员、安全专家和分析师等，负责具体实施和监督，确保数据安全与合规。同时，企业需建立完善的管理流程，涵盖数据采集、存储、处理和传输等环节，保障数据服务的顺畅与安全。此外，还需制定管理制度，明确政策、标准和流程，规范操作并促进持续改进。通过以上组织架构和技术流程的搭建，企业能够为数据服务的高效运行奠定坚实基础，实现数据在安全、合规前提下的价值最大化。

在企业数据服务的全生命周期中，规划、设计和开发是基础，而部署、运营和维护则是确保数据服务持续稳定运行的关键环节。在运营阶段，企业需要监控、优化和管理数据服务，确保其稳定性和可靠性，及时发现并解决运行中的问题。在维护阶段，定期对数据服务进行更新，修复漏洞、优化模型，提升数据服务的质量和性能。通过这些措施，企业可充分发挥数据的商业价值，增强核心竞争力，实现可持续发展。

8.4 企业数据管理体系

为保障长期、系统、高效地开展企业数据价值实现活动，企业需要构建以组织架构、制度规范、技术平台以及人才团队为主的企业数据管理体系[②]。

---

① 本部分资料来源：《企业数据服务：引领数据驱动的未来》，Solix 网站，https://www.solix.com/zh-CN/blog/learning/enterprise-data-services-navigating-the-data-driven-future。

② 《数据资产管理白皮书：数据资产管理实践指南（7.0 版）》，大数据技术标准推进委员会网站，2024 年 12 月 28 日，https://www.tc601.com/standards/6775fd923ab0428ca4019b10。

8.4.1　组织架构

企业数据管理体系组织架构包含决策层、组织协调层、数据资产管理层以及工作执行层4个层级，各层级分工明确、协同合作，共同推动企业数据的有效管理与价值实现。

（1）决策层

决策层作为企业数据管理体系的核心中枢，肩负着至关重要的职责。该层级负责制定企业数据管理的整体战略规划，涵盖企业数据管理关键决策、长远战略目标以及数据管理部门的考核机制等诸多关键内容。决策层通过对市场动态、企业战略目标以及数据资产现状的深入分析，为企业数据管理指明方向，确保数据管理活动与企业整体发展战略相契合，为企业的数字化转型和可持续发展奠定坚实基础。通常，企业在决策层会设置首席数据官（Chief Data Offcer，CDO），作为整个数据管理部门的"大脑"。

（2）组织协调层

组织协调层在企业数据管理体系中发挥着承上启下的关键作用，其核心工作是统筹管理企业内部的各类资源，依据决策层制定的战略规划，对企业数据管理具体工作进行分解，明确各部门在企业数据管理中的职责与任务，并构建完善企业数据管理考核指标体系。通过有效的协调与沟通，确保决策层的决策能够顺利传达至数据资产管理层及工作执行层，并监督各层级工作的执行情况，及时反馈问题，为决策层提供决策参考，保障企业数据管理工作的有序推进。

（3）数据资产管理层

数据资产管理层是企业数据管理的关键执行部门，承担着构建和维护组织级数据资产管理架构的重任。该层级负责制定全面、系统且具有前瞻性的数据资产管理制度体系，涵盖数据的采集、存储、处理、分析、共享等环节，完善数据质量管理、数据安全保护、数据价值评估等长效机制。同时，数据资产管理层需定期开展数据资产管理工作检查与总结，对数据资产的质量、价值、使用效率等进行全面评估，及时发现并解决数据资产管理过程中存在的问题，不断优化数据资产管理流程，并将检查与总结结果及时向上反馈至组织协调层和决策层，为企业的数据管理决策提供有力支撑。

（4）工作执行层

工作执行层由业务部门和信息技术（IT）部门共同组成，是企业数据管理的基层实践部门。在数据项目实施过程中，工作执行层严格按照数据资产管理层制定的制度规范和工作要求，负责具体落实各项数据资产管理工作。业务部门凭借其对业务流程和数据应用场景的深刻理解，负责数据业务需求分析、数据质量监控以及数据价值挖掘等工作，确保数据能够有效支撑业务决策和运营优化；IT 部门则侧重于数据的技术架构搭建、数据存储与处理技术的优化、数据安全防护措施的实施等方面，为数据资产的安全、高效管理提供技术保障。工作执行层与数据资产管理层紧密协同，积极参与数据资产管理的各项活动，及时反馈工作执行过程中遇到的问题，形成上下联动、协同共进的工作局面，共同推动企业数据的高效管理和价值最大化。

8.4.2　制度规范

在企业数据管理的制度规范中，总体规定、管理办法、实施细则和操作规范各自承担着不同的角色和功能，共同构成了一个完整的体系，以确保企业数据的有效管理和利用。

（1）总体规定

总体规定从决策层和组织协调层的视角出发，涵盖数据战略、角色职责、认责体系等多个方面。其核心在于明确企业数据管理的目标、组织架构和责任分配。具体而言，数据战略明确了企业数据管理的长期发展方向，角色职责明确了各个参与方在企业数据管理中的具体职责，认责体系则确保了责任的落实。总体规定为企业数据管理提供了宏观的指导和方向，指明了长期的发展目标，确保数据管理活动与企业的整体战略相一致。

（2）管理办法

管理办法从数据资产管理层的视角出发，规定了企业数据管理活动的目标、原则、流程、监督考核和评估优化等内容。管理办法旨在为企业数据管理具体活动提供明确的管理框架和操作指南，确保各项活动能够按照既定的目标和原则进行。通过构建详细的管理流程和监督考核机制，管理办法能够有效地推动企业数据管理活动的实施，并通过评估优化机制不断调整和改进管理策略。

（3）实施细则

实施细则从数据资产管理层和工作执行层的视角出发，围绕管理办法的相关要求，进一步明确各项管理活动的落实标准、规范和流程。实施细则更加注重具体操作层面的细节，为数据资产管理活动提供了详细的指导。通过制定具体的标准和规范，确保数据资产管理活动在执行过程中的一致性和规范性，同时为监督考核提供了明确的依据。

（4）操作规范

操作规范从工作执行层的视角出发，依据实施细则，进一步明确了各项工作需遵循的规程等。操作规范是最为具体的，并具有较强的操作性，直接指导企业数据管理的日常操作。通过提供详细的工作规程和操作手册，确保企业数据管理活动的高效执行，同时为工作执行层的员工们提供了明确的操作指南及参考，有助于提高工作效率、降低错误率。

例如，深铁集团从数据管理和服务能力角度出发，编制了包括《深铁集团数据资产管理总纲》《深铁集团数据定义管理办法》等在内的 15 个数据管理制度，以及包括《深铁集团数据安全规范》《深铁集团数据资产规范》等在内的 7 个数据管理规范，从制度层面全面实现对企业全类型数据的精确管理，为实现企业数据价值提供了制度保障①。

8.4.3　技术平台

技术平台是实现企业数据价值的基础。一个高效的技术平台能够整合数据资源，提升数据处理效率，保障数据安全，并支持数据的全生命周期管理。常见的技术平台既有单一功能的数据交易平台，也有综合性的数据资产管理平台。

普华永道为其集团公司设计了一个统一的流通交易平台——D2D（Data to Deal）线上数据交易平台。该平台从功能设计上实现了数据产品用户端、运营端、交易端、账户端与场景端的全线上体验，从架构上实现了与集团数据架构的全面打通。利用数据资源管理平台、数据中台、隐私计算等，D2D 线上数据交易平台不仅保障了数据的安全性，还显著提升了数据处理

---

① 《深铁集团聚焦"数智化"转型，为轨道交通基础设施高质量发展贡献"数智"力量》，中国城市轨道交通协会，2022 年 9 月 26 日。

的效率[1]。

联通数字科技有限公司构建了 DataOps 一体化能力平台，通过集成数据工具、融合创新技术，实现数据管理全面化、安全化、标准化、一体化、流程化、持续化、智能化、敏捷化，从而降低数据处理难度，提升运营质量和数据转化速度[2]。

除上述技术平台外，AI、VR、可视化等技术同样被应用于企业数据交易过程，帮助数据需求方深入了解并理解数据，提高数据交易效率。例如，通过沉浸式的数据可视化工具，用户能够更直观地探索和分析复杂数据。这种沉浸式体验不仅增强了用户对数据的理解，还提高了数据的吸引力和价值。

8.4.4　人才团队

在企业数据管理实践中，构建一支具备专业理论与技术的数据人才团队是至关重要的。数据人才是拥有数理知识与逻辑能力，通过对数据进行分析、处理，使数据发挥价值的人。由数据人才组成的团队能够为企业带来显著的竞争优势，该团队应包含多个关键角色，包括数据策略师、数据架构师、数据分析师、数据科学家和数据工程师等[3]，这些角色具备不同的学科背景和技能，在从战略规划到技术实施的各个层面为企业提供全方位的数据管理支持。通过覆盖多学科、多技能的团队合作，企业能够提高自身竞争力，更有效地管理和利用数据，实现企业数据价值的最大化，从而在激烈的市场竞争中占据优势。数据管理团队能够完成数据库管理、数据质量管理等多项任务，以合法合规的方式管理企业数据。

数据市场对人才的要求日益提高，需要具备丰富知识储备和专业实践技能的跨学科人才。然而，现有的教育模式无法满足这一需求，导致供需矛盾日益加剧[4]。具体而言，传统教育模式下的学生往往缺乏实用能力和

---

[1] 《普华永道 2024 年数据资产专题报告集萃》，发现报告网，2025 年 1 月 8 日，https://www.fxbaogao.com/detail/4661956。

[2] 《一文读懂 DataOps 本土化实践价值》，大数据技术标准推进委员会，2024 年 7 月 10 日。

[3] 《40 个顶尖数据团队的构成剖析》，腾讯网，2024 年 8 月 5 日，https://news.qq.com/rain/a/20240805A06AQZ00。

[4] 《数据资产与人才战略：为企业数据资产增值提供源源不断的智力支持》，搜狐网，2024 年 8 月 5 日，https://www.sohu.com/a/787998749_121399070。

解决问题的经验，这使企业在招聘过程中面临显著挑战。此外，人工智能、大数据分析等新兴技术迅速发展，相应的人才培养体系却尚未满足行业需求。

为了缓解这一供需矛盾，企业可以通过多种渠道引进数据人才。一方面，企业可以与高校和职业院校合作，通过实习、项目实训等方式提升学生的实用能力，使其具备应对复杂现实问题的能力。另一方面，企业可以从内部培养员工的数据素养，通过数据相关培训课程，提升员工的专业技能和实践能力。例如，中国建设银行于 2016 年实施了大数据人才培养工程，在各部门全面开展培训，相关人员接受培训后起到了明显的带头作用，大数据应用卓有成效，数据认知水平显著提高①。

▌拓展阅读

华为数据之道

华为从 2016 年正式启动数字化转型变革，整体思路是构建一个跨越孤立系统、承载业务"数字孪生"、感知业务的数据管理系统，从而支撑数字化转型，即通过在数字世界汇聚、连接与分析数据，进行描述、诊断和预测，最终指导业务改进。在实施策略上，一方面要充分利用现有 IT 系统的存量数据资产，另一方面要构建一条从现实世界直接感知、采集、汇聚数据到数字世界的通道，不断驱动业务对象、过程与规则的数字化。

华为的数据管理工作可以总结为"1 套数据体系 + 3 项工作建设 + 3 个能力打造"。基于统一的规则与平台，以业务数字化为前提、数据入湖为基础，通过数据连接与服务，支撑业务数字化运营。

华为数据管理的成功离不开"立而不破""融合""组织构架"3 个特别之处。

立而不破："华为数据使能解决方案"通过 ROMA 的强大集成能力实现企业复杂应用系统之间、烟囱式架构下的新老数据无缝集成，尽可能为企业省钱、省时、省力。

---

① 《尚波：中国建设银行的数据能力建设》，搜狐网，2018 年 12 月 25 日，https://www.sohu.com/a/284456848_210640。

融合："华为数据使能解决方案"真正做到 IT 和 OT 数据融合，这对于制造业来说尤为关键。

组织架构：构建以数据为核心的组织和新一代 IT 架构，为数字化转型提供坚实基础。简单来讲，就是从方法论入手，实现"管理体系+技术平台"双轮驱动，再通过应用场景实现数据价值释放。

由此，华为解决了在工业制造领域常见的各层级系统流程脱节导致的"数据孤岛"问题。面对未来海量且类型多样的企业数据，华为将持续拓展和深化各类数据的管理实践，以实现企业数据的充分整合与高效利用。

（资料来源：华为云网站，2023 年 1 月 18 日）

本章思考题

1. 结合本章内容，分析企业数据资源化、资产化和资本化三个阶段之间的联系与区别。尝试举例说明在实际企业运营中，如何实现企业数据价值。

2. 企业在数据管理过程中可能面临哪些挑战？请结合本章内容，提出应对策略。

3. 结合当前企业数据管理状况，探讨企业数据管理的未来趋势。

9 公共数据管理

随着数字化时代的到来，公共数据管理变得尤为重要。良好的公共数据管理不仅能提高政府的管理效率和公共服务质量，还能促进经济发展、社会创新。为了最大限度地实现公共数据的价值，必须确保数据的采集、存储、共享、保护等方面得到有效管理。

9.1 公共数据管理概述

9.1.1 公共数据的内涵

公共数据是指国家机关、事业单位，经依法授权具有管理公共事务职能的组织，以及供水、供电、供气、公共交通等提供公共服务的组织，在履行公共管理和服务职责过程中收集和产生的数据[①]。公共数据包括政务数据和公共服务数据。

政务数据：政务数据是由国家机关和法律法规授权的具有管理公共事务职能的组织，在履行法定职责过程中收集、产生的数据。这些数据通常涉及政府行政管理、政策执行等方面，具有较高的权威性和规范性。例如，各级党政机关、人大、政协等在履行其职能时所收集的数据都属于政务数据。

公共服务数据：公共服务数据是相关单位在提供公共服务过程中收集、产生的数据。这些单位包括供水、供电、供气、公共交通、医疗、教育、通信、文化旅游、环境保护等公共服务领域的企事业单位。公共服务数据通常涉及民生领域，与公众生活密切相关。

---

① 《上海市数据条例》，《解放日报》2021年12月7日。

9.1.2 公共数据的特征

公共数据具有公共属性，涉及公共利益，是政府或公共服务机构在履行其职能时收集、产生的数据。公共数据的核心特征包括多源性、权威性、稀缺性、价值性、敏感性。

多源性：一方面，公共服务由不同类型的公共服务机构提供，持有公共数据的数源部门（或数据供给部门）涉及政府机关、企事业单位、社会组织和各类团体等多源主体；另一方面，被采集数据的主体（称为数据关联主体）涉及法人、自然人等多个对象。因此，公共数据具有多源性，以分散、动态、多样、海量的方式存在，其权属关系也是复杂的。

权威性：公共服务机构依据相关法律法规所赋予的公共服务职能，合法合规地获得数据关联主体的特定数据，具有公信力和权威性。公共数据在采集、存储、使用、加工、传输和开放过程中须严格遵循相关标准规范，以确保数据的准确性、严谨性和权威性。

稀缺性：公共数据是在提供公共服务的过程中产生的，大多数主体履行的公共服务职能都是依法依规获得的，具有垄断性、排他性甚至唯一性，这决定了公共数据只有少数来源甚至唯一来源，具有较强的稀缺性和不可替代性。

价值性：公共数据涉及政治、经济、社会、文化、生活的各领域各层面，具有体量大、质量高、门类全等特点，应用场景覆盖面较广，与政治、经济、社会、文化和生活息息相关，具有较大的开发利用价值。

敏感性：公共数据反映国家经济社会运行整体情况，数据经汇聚整合后可用于公共决策分析，涉及国家安全和个人权益，具有较强的敏感性，需统一授权、统一管控、统一监督，确保公共数据开发利用全流程可监管、可记录、可追溯、可审计。

9.1.3 公共数据管理的内涵、原则与目标

（1）公共数据管理的内涵

公共数据管理是一个系统化、规范化的过程，由政府或具有公共服务职能的组织在履行公共管理职责或提供公共服务时，对涉及公共利益的数据进行全面管理。公共数据管理涵盖公共数据从产生到利用的全生命周

期，包括数据采集、存储、共享、开放、利用以及安全管理等多个关键环节，旨在实现公共数据的科学管理和高效应用。

（2）公共数据管理的原则

公共数据管理的原则是推动数据科学管理、依法共享和高效利用。尽管不同地区的政策有所差异，但存在以下几个核心共性原则。

统筹规划：以全局视角进行公共数据管理，合理配置资源，减少重复建设，提升数据资源的整体效能。

依法采集：公共数据的采集过程应严格遵守相关法律法规，确保数据来源的合法性和可靠性，避免侵害公民权利或社会利益。

共享开放：通过完善机制促进数据共享和开放，提升数据资源的可利用性，助力公共管理和服务效率的提升，同时注重数据的有序流动和分级管理。

安全可控：保障数据安全是开展公共数据管理的重要前提，需要建立全面的技术防护体系和制度规范，确保数据使用的合规性和可控性。

需求导向：以社会需求为核心，通过精准化的数据管理和服务，确保数据在提升公共治理水平和满足社会需求方面的有效应用。

创新利用：充分挖掘数据资源的潜力，鼓励通过新技术、新方法的应用，提升数据的经济价值和社会效益，实现数据增值和社会创新。

通过以上原则①的推广和实施，我国逐步建立起既有规范性又有灵活性的公共数据管理体系，为经济社会发展提供了坚实的数据基础。

（3）公共数据管理的目标

促进数据开放与共享。通过完善数据开发利用制度和规则，提升公共数据的供给质量，打破部门间、领域间的数据孤岛，增强数据的互联互通性。这将为政府决策、企业创新以及社会发展提供更加精准的数据支持，并最终形成一个开放共享、互联互通的数据生态系统，最大限度地释放数

---

① 尽管以上原则在各地均有所体现，但不同地区在具体实施时结合了地方特色。例如，新疆维吾尔自治区提出"共享为原则，不共享为例外"，特别强调数据共享的优先性；江苏省更注重"政府统筹"和"便利服务"，突出以民生需求为导向的管理模式；宁波市奉化区增加了"监督考核"原则，强化了对数据管理过程的绩效监控和反馈。这些实践体现了不同地区在遵循核心原则的基础上，根据本地需求进行创新性调整，形成了因地制宜的公共数据管理模式。

据的社会价值，提升数据的经济效益。

提升公共服务质量。通过精准识别群众需求，并运用大数据技术进行需求分析，政府可以优化资源配置，确保公共服务的高效、精准和公平。例如，政府能够借助数据分析预测公共卫生、教育、交通等领域的需求变化，提前做出响应，从而缩小城乡、区域和群体间的公共服务差距，促进公共资源的合理配置和公平利用，提升公共服务的普惠性和均等化水平。

增强数据治理能力。有效的数据治理是确保公共数据安全、高效管理的重要保障。为此，必须提升数据治理能力，具体措施包括数据清洗、元数据管理和数据生命周期管理等，确保数据的准确性和可用性。同时，构建全面的数据治理框架，涵盖数据采集、管理、使用、隐私保护等方面，保障数据运营的规范性、透明性与安全性。通过这些措施，确保公共数据的高效流转和合规使用，提升数据治理的整体效能。

保障隐私与安全。通过完善的公共数据管理体系，强化公共数据在采集、存储、传输和应用过程中的隐私保护，防范数据泄露与滥用。科学的隐私保护措施既能保障公众和企业的敏感数据安全，又能确保公共数据的合规使用，增强社会公众对公共数据管理体系的信任。

实现公共价值。公共数据管理的最终目标是实现公共价值，通过将公共数据视为重要的社会资源，推动政府、企业和公民等利益相关方共同参与数据的决策和管理①。此目标的核心在于通过多方协作与有效治理，确保公共数据的使用能够带来最大化的经济、社会效益。

通过以上目标的实现，公共数据管理将为社会、经济、科技及公共治理等领域提供有力支撑，推动公共服务现代化，促进社会可持续发展，推动数字经济的蓬勃发展。

9.1.4　我国公共数据管理相关法律法规

（1）国家层面

我国尚未在国家层面出台专门针对公共数据管理的独立法律，但通过一系列行政法规以及地方性法规对公共数据管理进行了规范和指导。国家

---

①　王翔、郑磊：《"公共的"数据治理：公共数据治理的范围、目标与内容框架》，《电子政务》2024 年第 1 期。

层面的法律法规主要聚焦公共数据的安全、隐私保护、共享与利用等核心问题，如表9-1所示。这些法律法规共同构建了公共数据管理的框架，不仅确保了数据的安全性，还促进了数据的开放与共享。通过这些法律法规的实施，公共数据管理体系得到了有效建设，数据的利用效率得到了提升，同时保障了个人信息安全。

表 9-1 中国国家层面公共数据管理相关法律法规

名称	发布年份	主要内容
《中华人民共和国数据安全法》	2021	明确了数据安全的重要性，并对公共数据的收集、处理、共享和利用提出了总体要求。该法共分为7章55条，包括总则、数据安全与发展、数据安全制度、数据安全保护义务、政务数据安全与开放、法律责任、附则 公共数据管理相关条文节选： •第三十九条：国家机关应当依照法律、行政法规的规定，建立健全数据安全管理制度，落实数据安全保护责任，保障政务数据安全 •第四十二条：国家制定政务数据开放目录，构建统一规范、互联互通、安全可控的政务数据开放平台，推动政务数据开放利用
《网络数据安全管理条例》	2024	强调了网络数据处理活动的合法性、数据安全保护的责任以及个人信息的处理要求。规定了网络数据处理者在处理数据时必须遵循的法律规范，确保数据安全、个人隐私保护，并明确了违规行为的法律后果。该条例共分为9章64条，包括总则、一般规定、个人信息保护、重要数据安全、网络数据跨境安全管理、网络平台服务提供者义务、监督管理、法律责任、附则 公共数据管理相关条文节选： •第十五条：国家机关委托他人建设、运行、维护电子政务系统，存储、加工政务数据，应当按照国家有关规定经过严格的批准程序，明确受托方的网络数据处理权限、保护责任等，监督受托方履行网络数据安全保护义务
《公共数据资源登记管理暂行办法》	2025	根据公共数据资源的使用情况及其对社会、经济等方面的影响，将数据分为不同的登记类型，为公共数据管理提供分级登记标准。该办法共分为6章24条，包括总则、登记要求、登记程序、登记管理、监督管理、附则

资料来源：根据相关法律法规整理。

（2）地方层面

我国地方层面公共数据管理相关法规主要集中在公共数据的采集、存储、共享、利用和安全保障等方面，地方政府根据本地实际情况制定了不同的法规和管理办法，如表 9-2 所示。地方立法在公共数据管理领域已取得一定成果，特别是在数据开发利用和安全保障方面，为公共数据的规范管理提供了法律依据。

表 9-2　中国地方层面公共数据管理相关法规

法规名称	发布年份	主要内容
《广东省公共数据管理办法》	2021	明确具有公共服务职能的机构适用范围，建立数据交易标的和数据主体授权机制，确保数据合法合规使用，填补政务数据管理领域的空白
《江苏省公共数据管理办法》	2021	将公共数据管理纳入国民经济和社会发展规划，强调统筹规划与安全责任，为公共数据的共享、开发和利用提供法律依据
《北京市公共数据管理办法》	2021	明确公共数据管理的目的、适用范围及基本原则，提出了数据采集、目录管理、大数据平台建设及数据共享与开放的具体要求。同时，规定了市、区两级政府及相关部门的职责分工，强调公共数据的安全、质量和使用规范，为推动公共数据共享与开放提供政策支持和制度保障
《浙江省公共数据条例》	2022	规范公共数据的深度开发利用与安全保障，建立一体化智能化公共数据平台，明确授权运营机制，推动数据安全与共享
《山东省公共数据开放办法》	2022	明确公共数据开放的范围、原则和流程，统一依托省级平台，规范数据分类分级和目录管理。强调数据安全、开放与利用的法律责任，推动公共数据与非公共数据融合发展，服务数字经济和社会治理

资料来源：根据相关法规整理。

9.2　公共数据采集与存储

9.2.1　公共数据采集

（1）公共数据采集的范围与来源

公共数据采集的范围包括政务数据、公共服务数据及其他涉及公共利益的数据，其主要来源包括以下几个。

政府部门：政府部门在履行职责的过程中产生的行政数据是公共数据的重要组成部分。这些数据涵盖财政、交通、医疗、教育等多个领域，反

映了政府在公共事务管理中的行为与结果，具有显著的公共属性。

公共服务机构：公共服务机构在提供服务的过程中积累了大量数据，涉及公共卫生、社会保障等领域，直接关系社会民生和公共服务质量。

社会治理过程：在社会治理过程中产生的数据包括公众反馈、问卷调查或社交媒体数据，反映了社会活动的动态和趋势，具有较强的代表性和显著的应用价值。这些数据为社会治理提供了重要的信息支持，推动了政策制定和决策优化。

外部合作与共享：外部合作与共享产生的数据主要涉及政府、企业、科研机构以及国际组织等不同机构之间的合作。通过跨部门、跨行业的合作，补充和拓展公共数据资源，提供更有力的信息支持。

（2）公共数据采集的基本原则

在进行公共数据采集时，必须遵循一系列基本原则，以确保采集活动的合规性、有效性和高效性。以下是公共数据采集的基本原则。

合法性与透明性：公共数据采集必须确保合法合规。在采集过程中，数据采集主体应清晰告知数据主体采集目的、方式及存储期限，确保数据主体知情同意。

目的指定原则：公共数据采集必须有明确且合法的目的，且仅能用于预定目的。任何超出目的的数据采集需要获得数据主体的再次同意或法律授权。

数据质量原则：公共数据采集应确保准确性、完整性，并及时更新，以保证数据在实际应用中的可靠性。例如，人口普查数据需要涵盖各类关键指标，确保信息全面。

公共利益优先原则：在采集公共数据时，必须优先考虑公共利益，尤其是在面临公共安全等重大问题时。同时，应平衡保护个人隐私和维护公共利益的关系。

责任与问责原则：数据采集机构需对数据的采集、存储和使用全过程负责，确保数据合规和安全。一旦发生数据泄露或违规行为，应建立问责机制，追究责任。

（3）公共数据采集的关键技术

现代技术在公共数据采集中发挥着核心作用，为数据的高效获取、跨系统整合以及实时处理提供了有力支持。这些技术相辅相成，能够满足不同场景下的数据采集需求。以下是几类主要的技术及其特点。

数据接口与整合技术：数据接口与整合技术是实现系统间数据交互和整合的基础。API通过提供标准化的接口，实现不同系统之间的数据交换和互操作，如政府部门之间的数据共享。ETL工具用于多源数据的提取、清洗和标准化处理，最终将数据加载到目标数据库，符合复杂系统的整合需求。这类技术不仅能够快速对接多个数据平台，还能有效提升跨部门协作效率，是公共数据采集的核心技术之一。

动态数据采集技术：动态数据采集技术专注于实时信息的获取，是进行智能化服务与动态监测的重要手段，包括传感器技术、网络爬虫技术。传感器技术用于收集物理环境中的动态数据，如气象变化、交通流量或能源消耗，支持智能城市建设。网络爬虫技术则通过自动化程序从互联网采集内容数据，广泛应用于舆情分析和市场动态监测。动态数据采集技术的优势在于其对实时数据的高效获取和及时更新，为公共治理和服务提供可靠的动态支持。

数据处理与自动化采集技术：数据处理与自动化采集技术在优化数据采集流程方面发挥着重要作用。大数据平台能够高效完成对海量数据的存储和处理，为复杂采集任务提供支撑。机器学习算法则通过模式识别和预测分析，进一步提高数据采集的精准度和效率。

9.2.2 公共数据存储

公共数据存储是公共数据管理的重要环节，其质量直接影响数据的长期可用性和共享效率。在公共数据管理中，存储不仅要满足大规模数据的安全与稳定需求，还需兼顾性能优化和应用扩展的要求。通过科学的技术架构和管理策略，公共数据存储能够为社会治理和公共服务提供坚实的基础。

（1）存储的基本要求

数据完整性：存储过程中必须确保数据不丢失、不损坏。例如，医保数据存储需要保证患者健康档案长期完整保存，为跨机构医疗服务提供可靠支持。

高可用性：通过分布式存储和多副本技术提升系统连续性，避免因单点故障中断服务。例如，政务云平台为政务服务提供全天候数据访问支持，

防止系统故障影响行政服务效率。

扩展性：支持动态扩容，适应快速增长的数据存储需求。例如，智慧城市中的传感器网络每秒产生海量数据，这要求存储系统具备较强的可扩展性和性能优化能力。某市智慧交通系统数据显示，每日新增数据量可达TB级别，因此采用了分布式文件系统与对象存储相结合的方式，以满足快速增长的需求并保证高效的数据检索。

性能优化：优化存储结构和数据索引设计，提升数据的存取效率。例如，交通管理系统需要实时读取道路监控数据，快速分析并反馈流量状况，提升交通调度效率。

（2）存储技术与架构

集中式存储：用于结构化数据管理，依赖高性能数据库。例如，税务系统通过集中式存储高效处理个人与企业的纳税信息，提供精准查询服务。

分布式存储：支持大规模数据分布管理，适用于政务云、智慧城市等海量数据处理场景。例如，环保部门利用分布式存储整合全国范围内的空气质量监测数据，保障决策依据全面可靠。

云存储技术：提供弹性存储和远程访问能力，适合多部门协作的公共服务平台。例如，医疗信息共享系统通过云存储实现患者健康档案的跨机构调阅，提高医疗服务效率。

对象存储：适合非结构化数据管理，可高效存储海量文件。例如，文化遗产保护项目利用对象存储保存历史影像和文献扫描件，为研究和展示提供便利。

（3）公共数据存储的管理策略

存储分层：根据数据访问频率，将数据划分为热数据和冷数据，分别存储在高性能或低成本设备上。例如，社保系统中的当月缴费记录存储在高性能设备上，而历史缴费记录存储在低成本设备上。

自动化运维：通过部署实时监控工具，动态调整存储资源，及时发现并处理异常。例如，智慧城市中的视频监控平台使用自动化工具，保障海量视频数据的连续存储和访问。

备份与恢复机制：实施全面的备份策略，确保数据安全，快速应对突发的数据丢失情况。例如，教育部门对学生成绩数据进行定期备份，防止硬件故障导致数据丢失，同时提高恢复效率以保障教育服务的持续性。

9.3 公共数据共享与开放

公共数据共享与开放是公共数据管理的关键环节，其通过统一的技术标准和规范化管理，提升数据资源的利用效率，推动治理、服务和经济的全面发展。本节从内涵、价值及实现路径3个维度对公共数据共享与开放进行深入探讨，揭示其在现代社会中的独特作用。

9.3.1 公共数据共享与开放的内涵

公共数据共享与开放是在合法合规和安全可控的前提下，通过科学管理机制和标准化技术，实现数据资源在多主体、多场景中的有效流通与利用的实践活动。

（1）公共数据共享

公共数据共享是指因履行法定职责或者提供公共服务需要，政务部门、公共服务机构依法获取其他政务部门、公共服务机构的公共数据或提供公共数据的行为。公共数据以共享为原则、不共享为例外[1]。

（2）公共数据开放

公共数据开放以促进社会创新和公共价值最大化为核心，强调将特定的非敏感数据资源向公众开放，且应当以企业和群众需求为导向，依法、安全、有序地向公民、法人和其他组织开放[2]。

（3）公共数据共享与开放的区别与联系

尽管公共数据共享与开放在实践中常常相辅相成，但二者在对象范围与目标上存在显著差异：共享主要面向组织内部或特定合作主体，目标是提升内部协作与效率；开放面向全社会，关注社会创新和公共价值的释放。

9.3.2 公共数据共享与开放的价值

（1）推动治理体系和治理能力现代化

通过共享与开放公共数据，政府可以实现跨部门协同治理，提升政策

---

[1] 《江苏省公共数据管理办法》，《江苏省人民政府公报》2021年第20期。
[2] 《江苏省公共数据管理办法》，《江苏省人民政府公报》2021年第20期。

的科学性和实施的精准性。例如，公共卫生数据的共享与开放推动了资源的统筹调配和应急响应能力的提升，为公共卫生事件的科学防控提供了支持。

（2）助力社会服务优化

公共数据共享与开放为教育、医疗、交通等公共服务领域提供了丰富的资源。例如，共享与开放教育数据不仅可以促进教育公平，还能为智能教学平台开发提供支撑；通过共享与开放交通数据，城市能够更高效地优化交通流量管理，缓解拥堵问题。

（3）促进数字经济发展

公共数据共享与开放是数字经济发展的核心动力。通过共享与开放关键行业数据，企业能够基于数据资源开发新产品与新服务。例如，国家电网通过共享与开放电力消耗数据，不仅促进了智能电网的发展，还帮助企业和家庭更有效地管理能源使用，减少了碳排放。

9.3.3 公共数据共享与开放的实现路径

（1）技术路径

数据处理与发布：公共数据共享与开放的首要步骤是数据处理，包括清洗、转换和整合，以确保数据的质量与可用性。同时，需要对数据进行预处理，以确保其在不同系统间的兼容性和高效传输。

数据格式标准化：为了实现跨平台和跨组织的公共数据共享与开放，必须采取标准化的数据格式。例如，使用 RDF 格式来描述数据，并通过词汇表（如 DBpedia）提供标识符链接。这种做法确保了不同系统之间的数据能够无缝连接和相互理解，提升了数据的互操作性。

中间件与查询系统：通过中间件与查询系统，在不直接暴露敏感数据的情况下实现对数据的访问。此类技术使敏感公共数据在共享与开放过程中得到有效控制，同时保证数据的隐私性。

（2）政策与管理路径

政策引导与激励机制：政府应通过政策引导，设立公共数据共享与开放目标及激励机制，推动社会各方的参与。例如，通过制定共享与开放目录，标明哪些数据可以公开共享与开放，哪些数据需要经过授权或有条件地共享与开放，鼓励各组织按照标准化流程共享与开放数据。

监管与评估机制：建立公共数据共享与开放监管机制和评估体系，确保公共数据共享与开放过程的合规性和安全性。例如，企业和政府需要根据公共数据的类型进行审核和权限管理，避免数据滥用。

（3）社会合作路径

多方协作模式：公共数据共享与开放离不开政产学研的合作。政府、企业、科研机构及公众应形成紧密的合作网络，共同推动公共数据共享与开放，优化社会服务。

公众参与与教育：提高公众对公共数据共享与开放的理解度和参与度，推动社会对公共数据共享与开放的支持。例如，开展公众教育项目，让更多人了解公共数据共享与开放对社会创新与发展的重要性。

通过技术路径、政策与管理路径和社会合作路径的协同，有效促进公共数据共享与开放，激发其在公共治理、社会服务和经济发展等方面的潜力。

9.4　公共数据安全与隐私保护

9.4.1　公共数据安全的内涵及面临的挑战

（1）公共数据安全的内涵

公共数据安全是指在数据生命周期中，在数据的采集、处理、传输、使用、存储、销毁等环节，采取必要的技术、管理及政策措施，防止数据遭受破坏、泄露、滥用或丢失[①]。公共数据包括政府、企业及其他公共机构所持有的与社会公众密切相关的信息，涉及公民个人隐私、国家安全、经济发展等多个方面。公共数据安全不仅关系信息的保密性、完整性、可用性，还涉及合法性、可审计性等多个维度。

（2）公共数据安全面临的挑战

公共数据安全面临多方面的挑战。首先，技术的迅猛发展和网络攻击手段的不断升级，使防御变得日益困难。其次，数据泄露和滥用案件层出不穷。最后，公共数据共享与开放带来了更高的安全风险，使不法分子利

---

① 梅宏主编《数据治理之法》，中国人民大学出版社，2022。

用数据发起攻击。因此，如何在确保公共数据共享与开放的同时维护其安全，是公共数据管理面临的重大挑战。

9.4.2　公共数据隐私保护的内涵及面临的挑战

（1）公共数据隐私保护的内涵

公共数据隐私保护是指在收集、使用、存储和传输公共数据的过程中，采取措施确保个人隐私不被侵犯，避免泄露、滥用或非法交易个人信息。公共数据隐私保护的核心目的是尊重数据主体的个人权利，同时保障公共数据在使用过程中的合法性和道德性。

（2）公共数据隐私保护面临的挑战

公共数据隐私保护面临法律、技术和社会方面的多重挑战。首先，数据的跨境流动和云计算的普及，使隐私保护的边界日益模糊，如何在全球范围内统一隐私保护标准成为重要问题。其次，公共数据的开放性带来了更高的隐私泄露风险，尤其是在信息泄露事件频发的背景下，不法分子通过内部人员获取客户信息，导致大量用户隐私被泄露。因此，公共数据隐私保护的法律规范、技术保障和社会合作机制亟须完善。

9.4.3　公共数据安全与隐私保护的策略

（1）法律保障

要有效应对公共数据安全与隐私保护面临的挑战，法律保障是不可或缺的部分。《中华人民共和国数据安全法》从国家安全和公共利益的角度出发，规定了数据处理活动的安全义务，要求数据处理必须合法、正当，并采取必要的技术措施确保数据安全，防止公共数据泄露和滥用。此外，公共数据的利用主体需遵循《中华人民共和国计算机信息系统安全保护条例》《计算机信息网络国际联网安全保护管理办法》，并建立健全安全管理制度，确保数据的合法使用，及时应对潜在风险。同时，欧盟《通用数据保护条例》和美国《加州消费者隐私法案》等为中国公共数据安全与隐私保护提供了借鉴和参考，推动了全球范围内的数据隐私保护标准化进程。相关法律保障了公共数据在使用过程中的安全性、合法性和透明性。

（2）技术保障

在技术方面，加密、身份认证、数据访问控制等手段可以有效保障公共数据的安全性。加密技术是防止数据在传输过程中被窃取的关键手段，身份认证技术确保只有授权人员可以访问数据。2016 年，法国数据保护机构 CNIL 对微软提出警告，指出其未经用户同意就收集了过多个人数据，强调了数据保护技术的重要性。除此之外，人工智能和机器学习等新兴技术也能在数据安全监测中发挥作用，实时发现潜在威胁。

（3）管理措施

除了法律和技术保障外，合理的管理措施同样重要。加强对内部人员的管理和审计，防止数据被非法获取或滥用，是防止公共数据泄露的重要环节。企业泄露用户数据的相关案例表明，管理层对员工权限的控制不足是数据泄露的一个关键原因。因此，建立健全数据使用和访问权限控制机制、定期对员工进行培训和审计是有效保障公共数据安全的必要手段。

9.5　公共数据授权运营

9.5.1　内涵与目标

（1）公共数据授权运营的内涵

公共数据授权运营是指授权机关根据公共数据的开发和利用需求，授权特定运营主体对公共数据进行加工处理，从而生成数据产品和服务，并将其提供给市场和社会[①]。该活动涵盖了数据的整个生命周期，包括采集、存储、共享、分析、应用和评估。作为一种创新性的公共数据社会化和市场化利用模式，公共数据授权运营不仅促进了高价值数据的有效利用，还确保了高品质的数据供给。通过公共数据授权运营平台，确保高价值数据风险可控，同时提升数据质量，为市场主体提供优质的数据利用服务[②]。

（2）公共数据授权运营的目标

公共数据授权运营的目标在于通过有效的管理与创新应用，推动政府治理能力提升、公共服务现代化，并促进社会经济的可持续发展。具体目

---

① 马颜昕：《公共数据授权运营的类型构建与制度展开》，《中外法学》2023 年第 2 期。
② 刘阳：《公共数据授权运营：生成逻辑、实践图景与规范路径》，《电子政务》2022 年第 10 期。

标包括以下几个。

实现数据资源的高效利用。公共数据授权运营的首要目标是打破数据孤岛，优化数据管理流程，实现跨部门、跨区域的数据流通和高效利用。例如，济南市构建了公共数据流通内外双循环体系，保障了数据的安全、合规流通，并通过应用场景的细分，促进了反欺诈、医保核查等领域服务水平的提升。

推动公共服务现代化。公共数据授权运营推动了公共服务的智能化和精准化。以青岛市的"医保核保"场景为例，该市利用公共数据授权运营平台，确保数据安全合规应用，提高了医保服务的效率与准确性，推动了医疗数据的共享和应用，提升了公共服务的便捷性和精准性。

增强社会治理能力。公共数据授权运营在提升社会治理水平中的关键作用在于优化决策、提升响应速度与社会资源配置效率。以上海市"天机·智信"平台为例，该平台通过收集和分析来自城市管理、社会服务等领域的公共数据，帮助政府实现精准的社会需求预测和动态资源调度。

促进经济价值转化。公共数据授权运营深度挖掘数据的商业价值，促进产业升级和经济增长。例如，大理白族自治州通过公共数据授权运营挖掘地方特色产业的市场需求，帮助企业优化产品设计和生产管理，推动了当地经济的可持续发展。

9.5.2 组织框架

公共数据授权运营是一项复杂的系统性工作，涉及多个主体和不同环节的紧密配合。龚芳颖等针对公共数据授权运营提出了一种分析框架，该框架采用了"三维四主体"模型，从制度、基础设施和参与主体3个维度进行全面分析。其中，参与主体包括公共数据供应主体、公共数据授权主体、公共数据运营主体和公共数据使用主体，如图9-1所示。

（1）"三维四主体"分析框架

① 制度维度。

制度是公共数据授权运营的基石，确保了数据的合规性和安全性。在制度维度中，政府通过出台相关的法律法规（如大数据条例），对公共数据的授权、使用和流通进行规范。制度不仅为公共数据授权运营提供了明

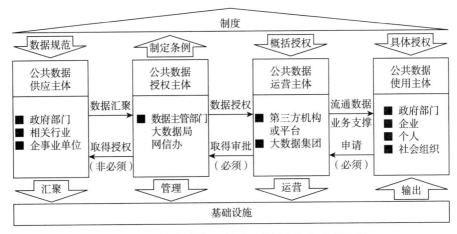

图 9-1　公共数据授权运营"三维四主体"分析框架

资料来源：龚芳颖等：《公共数据授权运营的功能定位与实现机制——基于福建省案例的研究》，《电子政务》2023 年第 11 期。

确的操作框架，还为各参与主体设定了权责界限，确保数据在开放和使用过程中不会被滥用。

② 基础设施维度。

基础设施维度关注的是支撑公共数据授权运营的平台和技术体系。数据的高效流通和应用依赖先进的技术平台，这些平台可以集中管理、存储、处理和共享数据。统一的平台建设能够打破数据孤岛，实现不同部门、不同地区数据的互联互通。基础设施维度确保数据的安全性、可追溯性，并促进数据资源的高效使用。

③ 参与主体维度。

参与主体维度聚焦公共数据授权运营的关键主体及其职责。根据数据从公共部门汇聚到数据管理部门进行授权，再到运营单位向使用方提供数据产品和服务的基本流程，公共数据授权运营的参与主体可划分为供应主体、授权主体、运营主体和使用主体。每个主体在数据的汇聚、管理、运营和输出等环节中扮演不同角色，确保数据的合法合规流通。

公共数据供应主体：公共数据供应主体通常是政府部门、相关行业及企事业单位，负责提供公共数据，确保数据的来源合法、真实和可靠。供应主体为后续的授权、开发和应用提供了原始数据。

公共数据授权主体：公共数据授权主体通常是数据主管部门（如大数

据局、网信办等），负责管理数据的授权工作。授权主体确保数据的使用符合规定，保证数据流通的合规性。

公共数据运营主体：公共数据运营主体通常是被授权的第三方机构或平台（如大数据集团），负责将原始数据进行加工、处理、开发和市场化运营，向社会提供数据产品和服务。公共数据运营主体的目标是提升数据的市场价值和应用效益。

公共数据使用主体：公共数据使用主体包括政府部门、企业、个人和社会组织，负责应用数据进行实际操作和决策。公共数据使用主体是最终受益者，他们通过利用公共数据推动社会经济发展。

9.5.3 方法与策略

公共数据授权运营的有效实施依赖科学、系统的管理方法和创新策略。以下是公共数据授权运营的关键方法与策略。

（1）构建统一的公共数据授权运营平台

为了实现公共数据的高效利用和管理，构建统一的公共数据授权运营平台是关键举措。通过整合各类公共数据，各地政府可以在统一的平台上集中管理，确保数据流通的高效性和安全性。例如，青岛市要求所有公共管理和服务机构必须接入统一的公共数据授权运营平台，避免重复建设和数据孤岛现象。此外，滕州市组织建设全市统一的公共数据授权运营平台，保障数据的合规授权和安全流通。

（2）明确职责分工

公共数据授权运营涉及多方主体，明确各方职责分工是确保授权运营顺利开展的基础。例如，广州市明确了市公共数据开发利用委员会、市公共数据开发利用主管部门和市公共数据授权运营机构等主体的职责分工，确保各方高效协同。

（3）数据授权与合规管理

数据授权与合规管理是公共数据授权运营的核心环节，确保数据的合法合规流通。例如，温州市通过《温州市公共数据授权运营管理实施细则》明确了公共数据授权的规则和标准，确保公共数据在合法合规的基础上进行授权。数据授权与合规管理不仅推动了公共数据的共享，还保障了公共数据的安全性与可追溯性。

（4）推动数据共享与开放

推动数据共享与开放是释放数据价值的关键手段。烟台市提出要有序推动公共数据开放，并加快形成权责清晰的授权运营格局，促进各类社会主体共享数据资源。汕头市则强调通过创新公共数据运营模式推动公共数据的开放，进一步加强各方的数据合作与资源流通。这些举措能够帮助社会各界更好地利用公共数据，推动行业创新和社会管理水平提升。

（5）建立市场化运营机制

公共数据授权运营是一种市场化运作模式，通过授权符合条件的经营主体开展数据产品开发和技术服务，促进公共数据资源的市场化应用。例如，江苏省通过授权经营主体对公共数据进行加工处理，形成数据产品；成都市探索将政府数据作为国有资产进行市场化运营，推动了数据产业的发展。市场化运营机制为企业创新提供了数据支持，并推动了数据资源的高效流通。

（6）完善收益分配与激励机制

为了激励各方参与公共数据授权运营，合理的收益分配与激励机制至关重要。例如，上海市普陀区制定了公共数据授权运营工作方案，明确了收益分配与激励机制，以确保各方利益得到保障。

（7）强化技术支持与创新

公共数据授权运营需要依托先进的技术来提升效率与安全性。例如，济宁市要求公共数据授权运营平台采用隐私计算、身份认证和访问控制等技术，确保数据的安全性和透明性。全国多地政府还通过大数据技术优化公共数据授权运营流程，如利用数据分析进行精准政策制定与社会管理，从而推动数据应用的深度融合和创新。

（8）制定统一的规则与标准

制定统一的规则与标准是保障公共数据授权运营顺利进行的基础。各地政府通过出台相关政策和法规，确保公共数据授权运营的规范。例如，广州市制定了《广州市公共数据授权运营管理暂行办法》，明确了公共数据授权运营的原则、职责分工等内容，为公共数据授权运营提供了明确的操作框架；汕头市则进一步强调了建立健全公共数据授权运营规则和成果转移扩散机制，以推动数据成果的有效转化与应用。

通过上述方法与策略，各地政府能够更好地管理和运营公共数据，推

动公共数据的共享与应用，实现社会效益和经济效益的最大化。这些方法和策略不仅帮助政府提升了治理能力，还推动了社会的发展与创新，进一步释放了公共数据的潜力。

拓展阅读

福建两级公共数据授权运营模式

《中共中央　国务院关于构建数据基础制度更好发挥数据要素作用的意见》明确提出推进实施公共数据确权授权机制，加强对公共数据的汇聚共享和开放开发。各地逐步探索公共数据授权运营机制，并积累了大量实践经验。下面以福建为案例，探讨其在公共数据授权运营中的具体做法与成效。

福建公共数据授权运营做法

自 2000 年提出"数字福建"战略以来，福建始终将数字化建设作为重大战略工程持续推进。福建先后成为国家电子政务综合试点、全国政务信息开放试点等，推动了政务信息共享、公共数据资源开发利用等方面的探索与实践。在此背景下，福建逐步形成了从政府内部共享到社会开放共享再到授权运营的公共数据开发利用模式。

1. 公共数据政策保障的早期探索与精细化发展

自 2010 年起，福建出台了多项政策文件，明确了公共数据资源的权属，并制定了政府内部共享和社会开放共享的具体实施方案。虽然福建尚未出台专门针对公共数据授权运营的独立政策，但已有政策文件为公共数据授权运营提供了制度保障。福建创新性地采取了"分级开发""一模型一评估、一场景一授权"等方式，并探索了有偿服务机制。特别是 2023 年出台的《福建省公共数据资源开发服务平台管理规则（试行）》《福建省公共数据资源开发服务平台公共数据开发服务商管理规则（试行）》提供了明确的操作指南，进一步推动了公共数据授权运营。

2. 创新公共数据分级开发利用运营机制

福建创新性地将公共数据的开发利用分为两个等级，建立了多层次的运营机制，如图 9-2 所示。

2021 年，福建省人民政府设立了省大数据集团有限公司，并于 2022 年

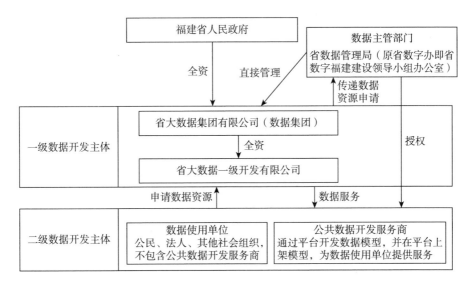

图 9-2　福建公共数据分级开发利用运营机制

成立了省大数据一级开发有限公司，负责全省公共数据的汇聚、共享、开放和安全工作。这些公司不仅为政府提供数据共享服务，还为社会提供数据授权服务。在数据的二级开发过程中，社会各类数据主体通过"一模型一评估、一场景一授权"的方式，向数据主管部门申请数据资源，经过审批后，由一级数据开发主体提供数据资源支持，进而进行数据的开发和利用。这一机制确保了公共数据的高效利用，同时避免了资源浪费和数据滥用。

3. 依托一体化平台实现两级授权运营

福建省大数据集团有限公司在推进公共数据授权运营的过程中，依托一体化公共数据平台实现数据的全面管理与服务。该平台不仅是全省公共数据的管理枢纽和流转通道，也是数据服务的门户，包含公共数据服务门户、公共数据资源统一开放平台、公共数据资源开发服务平台等多个功能模块。通过这一平台，数据使用主体可以便捷地进行数据申请、授权、使用等操作。该平台利用隐私计算、数据沙箱等先进技术，保证了数据的安全性，并通过区块链技术实现了对数据开发利用过程的溯源及监管，确保了数据使用的透明性和可控性。

4. 构建合作伙伴生态体系，推动公共数据价值转化

福建的公共数据资源开发服务平台积极构建合作伙伴生态体系，强化

公共数据价值转化。平台允许第三方开发者将自有模型或产品上架，向社会提供免费或有偿的数据服务。此外，平台还支持接入第三方互联网信息平台和社会数据，促进公共数据与社会数据的融合应用。

福建公共数据授权运营取得的成效

1. 公共数据供给规模与质量提升

福建在公共数据的供给规模和质量方面取得了显著成效。全省已接入近1800个政务信息系统，汇聚超过700亿条数据，基本实现了全省政务信息系统"应接尽接"、公共数据"应汇尽汇"。同时，数据开放取得了较大进展，已有6700多个数据集和6500多个数据接口向社会开放，涵盖了大量的政府数据和公共服务信息。在数据质量方面，福建通过场景化数据治理，进一步提高了数据的质量和可用性，确保了公共数据能够满足不同应用场景的需求。

2. 公共数据应用场景扩展，二级开发主体活力增强

福建的公共数据应用场景不断扩展，涵盖了城市治理、社保认证、医疗救助等多个领域。与此同时，通过公共数据资源开发服务平台，越来越多的二级开发主体参与数据应用开发。截至2024年6月，已有180家数据应用单位和16家公共数据开发服务商入驻平台，开展了41个场景应用，推动了公共数据在社会各个领域的应用。

福建的"一体统筹+二级授权"模式为其他地区提供了可复制的公共数据授权运营模式，其多层次的数据安全体系和市场化改革路径也具有可借鉴之处。

（资料来源：数据资产网，2024年6月4日）

本章思考题

1. 公共数据的内涵与特征是什么？与私人数据有何区别？

2. 如何确保公共数据采集与存储的准确性与完整性？

3. 数据共享与开放如何提升公共数据的利用效率？面临哪些挑战？

4. 公共数据安全与隐私保护面临哪些挑战？如何保障数据安全？

5. 如何通过公共数据授权运营提升社会治理与公共服务质量？

10　个人数据管理

在数字化时代，个人数据的重要性与日俱增。它不仅关乎个人隐私，还在经济、社会等诸多方面发挥着关键作用。个人数据管理旨在确保个人数据的安全、合理利用与合规性，平衡个人权益、企业利益与社会公共利益之间的关系。

10.1　个人数据的内涵

个人数据一般是指载有可识别特定自然人信息的数据，不包括匿名化处理后的数据。

Karine 和 Anaïs 通过分析国际法律文书，认为个人数据是指与已识别或可识别的自然人相关的任何信息，可以通过这些信息识别此人①。例如，有关"法人"（如公司或公共机构）而非"自然人"的信息不是个人数据，除非该法人的数据包含可揭示个人身份的信息，如与特定个人相关的名称和电子邮件地址。

在传统社会中，有关个人的数据相对匮乏。通常情况下，只有那些与社会精英相关的数据才有机会被记载于书本之中。而其他关于普通大众的数据，即便能在书本中寻得，往往也只是信息量有限的只言片语。进入计算机和互联网科技时代，在个人数据的记载、存储、传播与利用方面，普通大众与社会精英已处于同等地位。正是这种平等的记载、存储、传播与

---

① B. Karine, T. Anaïs, *What is "Data"? Definitions in International Legal Instruments on Data Protection, Cross-border Access to Data & Electronic Evidence*, https://www.crossborderdataforum.org/what-is-data-definitions-in-international-legal-instruments-on-data-protection-cross-border-access-to-data-electronic-evidence/.

利用方式，促使我们步入了"数据为王"的大数据时代。手机化生活模式和网络化工作模式为各级政府、平台企业及其他主体收集、传播和利用个人数据提供了较大的便利。

然而，这种便利具有两面性。它在带来便捷的同时，可能为个人数据的泄露、滥用以及蓄意侵权提供机会，且成本较低。因此，在大数据时代，必须通过法律手段对个人数据进行严格保护，以惩治任何可能出现的利用个人数据实施的侵权行为。正因如此，刘练军在《个人信息与个人数据辨析》一文中指出，从 20 世纪 70 年代起，作为个人知识载体的个人数据，与个人信息一同成为备受关注的立法术语和法学概念①。

个人数据与个人信息密切相关，二者既相互联系又存在区别。个人信息指能够直接或间接识别特定自然人的各类信息。它如同一把钥匙，能精准地开启识别个体身份的大门。例如，姓名是人们在社会交往中的基本标识，身份证号码则是国家赋予公民的独特身份代码，家庭住址能精确定位个人的居住空间，电话号码是联系个体的直接渠道，电子邮件地址是数字世界中个人的专属联络点，生物特征数据如指纹、面部识别信息更是与个体生理特征紧密绑定的独一无二的标识。而个人数据的范畴更为宽广，它不仅涵盖个人信息，还将与个人行为、偏好、交易等相关的各类数据纳入其中。它描绘的是一个立体、动态的个人数字画像。比如，个人的浏览历史记录了其在互联网上的足迹，反映出其兴趣爱好、关注焦点；购买记录勾勒出消费习惯、偏好品牌；位置信息揭示了活动轨迹、常去场所；社交媒体评论展现了观点态度、社交圈子。这些数据虽不一定能直接识别个体身份，但通过数据挖掘与分析技术，可间接关联特定个人，进而对其行为模式、心理特征等进行深度剖析。

10.2　个人数据管理的目标

个人数据管理是一个全面、系统的过程，旨在确保个人数据在整个生命周期内得到妥善管理、保护和利用。其目标是通过制定和执行一系列政

---

①　刘练军：《个人信息与个人数据辨析》，《求索》2022 年第 5 期。

策、流程和技术措施，实现数据的安全合规、价值最大化。个人数据管理包括以下几个目标。

保护个人隐私。保护个人隐私是个人数据管理的首要目标。个人数据中包含大量敏感信息，如姓名、身份证号、健康记录、财务信息等，这些信息一旦被泄露或滥用，将造成严重的隐私侵犯问题。通过实施严格的数据保护措施，如加密、访问控制、数据脱敏等，确保个人数据在收集、存储、使用和共享过程中的安全性和保密性，防止数据泄露和滥用。

确保数据合规。随着数据保护法律法规的不断完善，组织在处理个人数据时必须严格遵守相关法律法规的要求，避免因违规行为而面临法律风险和经济处罚。这包括获得用户明确同意、明确数据用途、限制数据共享、确保数据存储期限合规等。

提升数据质量。高质量的数据是实现有效决策和提升业务运营水平的基础。个人数据管理通过实施管理措施，确保数据的准确性、完整性和一致性。具体包括定期进行数据清洗、更新和验证，纠正错误数据，删除重复或过时的数据，以及通过用户反馈和定期调查更新数据。通过这些措施，提升数据的可用性和价值，为业务决策提供可靠的支持。

增强数据安全性。数据安全是个人数据管理的核心内容之一。通过采用先进的安全技术和管理措施，如数据加密、访问控制、入侵监测等，保护个人数据免受未经授权的访问、篡改、泄露和破坏。同时，建立数据安全事件响应机制，确保在发生数据安全事件时能够迅速采取措施，减少损失并恢复数据。

促进数据价值最大化。个人数据中蕴含着丰富的信息，有效的数据管理可以挖掘数据的潜在价值，为业务发展提供支持。例如，通过数据分析和挖掘，了解用户行为和偏好，优化产品和服务，提升用户体验，实现精准营销和个性化推荐。同时，数据管理可以更好地提高数据的利用效率，降低数据管理成本。

实现可持续数据管理。个人数据管理不仅关注当前的数据管理活动，还着眼于数据的长期管理和可持续发展。通过建立数据管理框架，确保数据管理活动的持续性和稳定性，适应不断变化的业务需求和技术环境。同时，通过定期评估和优化数据管理策略，确保数据管理活动始终符合最新的法律法规和技术标准。

10.3　个人数据收集的原则

在数字化时代，个人数据的收集和使用已成为日常生活中不可或缺的一部分。为了确保收集时的合规性，必须遵循一系列明确的原则①。

10.3.1　合法性原则

合法性原则是数据收集的基石。在收集个人数据之前，必须获得数据主体的明确同意，这种同意应当是自愿、具体、知情的，并且可以随时撤回。例如，当用户注册网站时，网站应明确告知用户其姓名、电子邮件地址等信息将被收集，并用于特定目的。用户在充分了解这些信息的使用方式后，自愿地给予同意。同时，用户应能够轻松地撤回其同意，而不会面临任何障碍或不利后果。这种透明和自愿的同意机制不仅保护了用户的隐私，也增强了用户对数据处理过程的信任。

除了用户同意，数据收集还可能基于合同履行的需要。例如，电商平台在用户购买商品时收集支付信息，这是完成交易的必要条件。在这种情况下，数据收集是为了履行合同义务，确保交易的顺利进行。然而，即使是为了合同履行，组织也应确保数据收集的透明性，仅收集完成交易所必需的信息，并在交易完成后及时删除或匿名化处理这些信息。

在某些情况下，法律要求收集特定的个人数据。例如，金融机构收集客户的身份信息以符合反洗钱法规的要求。这是为了维护社会秩序和公共安全，确保组织在合法框架内运营。金融机构必须严格遵守相关法律法规，确保数据收集的合规性。此外，金融机构应向客户明确告知数据收集的法律依据和用途，确保客户对数据收集过程有充分的了解和信任。

在符合公共利益或获得官方授权的情况下，数据收集也可能是必要的。例如，公共卫生机构收集疫情相关数据以进行流行病学研究。这种数据收集是为了保护公众健康和安全，确保公共卫生措施的有效实施。公共卫生机构应确保数据收集的透明性，仅收集与疫情相关的必要数据，并采

---

① 《何为〈通用数据保护条例〉（GDPR）》，Veritas网站，https://www.veritas.com/zh/cn/information-center/gdpr。

取严格的安全措施保护数据的隐私和安全。除此之外，公共卫生机构应向公众明确告知数据收集的目的和用途。

10.3.2　最小化原则

最小化原则要求在收集个人数据时，严格限制数据的范围和用途，仅收集实现特定目的所必需的最小数据量，并明确告知数据主体具体用途。这样做的目的是降低数据收集过程中的隐私风险，保护数据主体的权益，同时有助于提高数据处理的效率和透明度。

具体来说，最小化原则首先体现在对数据范围的严格控制上。在收集数据之前，组织需要进行充分的必要性评估，确保所收集的数据对于实现既定目的确实是不可或缺的。例如，对于一个目的是了解消费者对某一产品满意度的在线问卷调查，组织只需收集与该产品使用体验直接相关的信息，如用户的评价、使用频率等，而无须收集用户的姓名、身份证号等与调查目的无关的敏感信息。此外，对数据进行合理的分类也是遵循最小化原则的重要手段。数据可以被分为核心数据和辅助数据，其中核心数据是指那些对于实现基本功能必不可少的数据，如在电子商务交易中，用户的支付信息是核心数据；辅助数据则可能包括用户的兴趣爱好、偏好设置等，这些数据虽然有助于提供更加个性化的服务，但在收集时应更加谨慎，确保收集的必要性和合法性。

在明确了数据的范围之后，最小化原则还要求组织在数据用途上保持较高的透明度和一致性。这意味着在收集数据时，组织必须清晰、准确地向数据主体说明数据将被用于实现何种目的，并且只能将数据用于实现已明确告知的目的。例如，如果一个社交媒体平台收集用户的浏览历史数据是为了向用户提供更精准的内容推荐，那么该平台就不能在未经用户同意的情况下，将这些数据用于其他商业目的，如出售给第三方广告商。如果组织使用数据超出最初收集目的，必须重新获得数据主体的明确同意。这一过程不仅体现了对数据主体权利的尊重，也是遵守法律法规的必然要求。

10.3.3　透明性原则

在个人数据治理中，透明性原则是确保数据主体信任和参与的关键。这一原则要求组织在收集、使用和共享个人数据时，必须向数据主体提供

清晰、准确、全面的信息，并保持这些信息的及时更新。透明性原则不仅有助于数据主体了解自己的数据如何被处理，还能增强他们对数据处理活动的控制感。

隐私政策：政策应当明确告知数据主体数据收集的目的、范围、方式、存储期限以及共享对象等关键信息。例如，一个电子商务网站的隐私政策页面应详细说明网站收集用户的姓名、地址和支付信息是为了完成订单处理和发货，用户的浏览历史和购买偏好数据将用于提供个性化的产品推荐。此外，隐私政策还应说明数据将被存储多长时间，以及在何种情况下可能会与第三方共享数据，如物流合作伙伴或支付服务提供商。

实时通知：在数据收集过程中，应通过实时通知来增强透明性。这意味着每当数据被收集或使用时，数据主体都应得到及时的通知。当用户在网站上注册新账户时，网站可以通过弹窗通知用户正在收集哪些信息，以及这些信息将如何被使用。如果数据的使用方式发生变化，如从仅用于内部分析扩展到与第三方进行数据共享，组织应立即通过邮件或其他有效方式通知用户，并说明变更的原因和影响。

定期更新隐私政策：为了保持信息的准确性和时效性，需要定期更新隐私政策，每半年或一年对政策进行一次全面审查和更新，以反映数据处理活动的任何变化。更新后的隐私政策应通过网站公告、电子邮件或其他适当的方式通知用户，确保他们能够及时了解最新的数据处理规则。此外，当隐私政策发生重大变更时，组织不仅要通知用户，还应获得用户的重新同意。例如，如果一个社交媒体平台决定改变其数据共享政策，允许更多的第三方访问用户数据，它必须通过邮件或短信明确告知用户这一变更，并提供一个简单的机制，让用户可以选择同意或拒绝这一新的数据使用方式。

10.3.4 准确性原则

准确性原则是确保数据质量和可信度的关键。数据的准确性不仅影响数据的使用价值，还直接关系数据主体的权益和组织的决策质量。

进行数据验证：在数据收集阶段，组织应构建严格的数据校验机制，以确保所收集的数据在格式和内容上都是完整和准确的。例如，当用户在注册表单中输入电子邮件地址时，系统应自动验证该地址是否符合标准的电子邮件格式。对于更复杂的数据，如身份证号或银行账户信息，应使用专门的验证算法来确保数据的准确性和真实性。通过这些验证措施，组织可以减少数据输入错误，提高数据的初始质量。

定期检查：随着时间的推移，数据可能过时或不准确。因此，组织应建立定期的数据检查机制，确保数据的时效性和准确性。这可以通过多种方式实现，如通过用户反馈渠道，允许用户主动更新他们的联系信息、偏好设置或其他个人信息。组织还可以定期进行数据清洗和验证，以识别和纠正数据中的错误或不一致之处。

建立数据纠正机制：为了进一步保障数据的准确性，组织应提供让数据主体纠正错误数据的机制，使用户能够轻松地访问和修改他们的个人信息。例如，网站可以提供一个个人中心，用户可以在其中查看和编辑他们的数据。组织还应该提供客服渠道，以便用户在遇到问题时能够及时获得帮助，当用户发现数据错误并进行纠正时，确保这些纠正措施被及时记录和实施。

记录纠正过程和结果：记录纠正过程和结果是保障数据准确性的重要环节。组织应记录每一次纠正数据的时间、内容和责任人，这些记录不仅有助于追踪数据的历史变化，还可以在需要时提供证据，证明组织已经采取了适当的措施来维护数据的准确性。

10.3.5 目的明确性原则

目的明确性原则要求组织在收集个人数据时，必须明确声明数据的具体用途，并且只能将数据用于这些已声明的用途。这样做不仅有助于保护数据主体的隐私权益，还能增强数据主体对数据处理活动的信任。

声明数据具体用途：组织在收集数据时，必须明确声明数据的具体用途。例如，如果一个在线购物平台请求获取用户的电子邮件地址，它应该明确告知用户，该电子邮件地址将仅用于发送订单和产品推荐。这种明确的声明有助于用户做出是否愿意分享个人信息的决定。同时，组织应避免使用模糊和广泛的描述，而应将数据用途具体化。组织在声明数据是用来提高服务水平时，不应仅声明数据将用于"改善服务"，而应详细说明数据是用于改进产品功能、优化用户体验，还是提供个性化服务等具体目的。这样，用户可以更清楚地了解他们的数据将如何被利用，从而增强他们对数据处理活动的控制感。

重新征得同意：目的明确性原则还要求组织在数据用途发生变更时，

必须重新获得数据主体的同意，这是因为数据用途的变更可能对数据主体产生新的影响。例如，一个电商平台最初收集用户的购买数据仅用于产品推荐，但后来希望将这些数据用于市场研究，它必须再次告知用户这一新的用途，并获得用户的明确同意。

10.4　个人数据管理的实施框架

10.4.1　个人数据全生命周期管理

个人数据管理涉及数据的收集、存储、处理、共享和销毁全生命周期的管理。这一管理过程确保数据在每个阶段都得到妥善处理，从而保护数据主体的隐私和权益，同时满足法律法规的要求。

数据收集是个人数据管理的起点，必须确保数据收集的合法性和透明性。很多国家和地区从法律上强化了个人数据的安全性。例如，美国《加州消费者隐私法案》[①]、欧盟《通用数据保护条例》[②]、《中华人民共和国个人信息保护法》[③] 等都涉及数据与个人信息保护、收集、存储和使用等内容。组织在收集个人数据时，应明确告知数据主体收集目的、范围、方式、存储期限等信息。此外，数据收集应基于数据主体的明确同意，同意应是自愿、具体、知情的，并且可以随时撤回。

在数据存储阶段，组织应采用加密、访问控制等技术保护数据安全。加密技术可以确保数据在传输和存储过程中的安全，防止数据被窃取或篡改。访问控制技术则通过设置权限等级，确保只有授权人员才能访问特定数据。例如，通过角色访问控制（RBAC）系统，限制不同角色的访问权限。此外，应确保数据存储期限的合规性。

在数据处理阶段，组织应遵循最小化和目的明确性原则，避免过度收

---

① 吴沈括：《〈2018 年加州消费者隐私法案〉中的个人信息保护》，《信息安全与通信保密》2018 年第 12 期。

② 《何为〈通用数据保护条例〉（GDPR）？》，Veritas 网站，https：//www.veritas.com/zh/cn/information-center/gdpr。

③ 《中华人民共和国个人信息保护法》，中国政府网，2021 年 8 月 20 日，https：//www.gov.cn/xinwen/2021-08/20/content_5632486.htm。

集数据。例如，一个简单的在线问卷调查只需收集与调查内容相关的必要信息。目的明确性原则还要求数据使用应告知具体目的，不得将数据用于其他未经同意的目的。如果需要将数据用于其他目的，必须重新获得数据主体的同意。

在数据共享阶段，组织应限定第三方使用范围，并签署数据共享协议。数据共享协议应明确数据的使用范围、保密责任和保护措施。例如，电商平台在与第三方物流合作时，应明确共享的订单信息仅用于物流配送，并要求第三方物流提供商采取适当的数据保护措施。

在数据销毁阶段，组织应及时删除或匿名化处理使用完的数据。数据销毁应确保数据无法恢复，采用安全的销毁技术，如物理销毁、数据擦除等。同时，记录数据销毁的过程和结果，确保数据销毁的可追溯性。例如，通过审计日志记录数据销毁的时间、方式、责任人等信息。

10.4.2　个人数据管理工具的功能[①]

尽管与互联网公司相比，用户在个人数据安全和隐私保护方面相对薄弱，但是能借助一些 App、定制化操作系统等实现个人数据的源头管理。个人数据管理工具应该具备以下几种基本功能。

（1）数据加密

数据加密是保护数据传输与存储安全的关键技术。通过加密算法，将数据转换为无法被未授权用户理解的格式，确保数据在传输和存储过程中的安全性。加密算法主要有两大类：对称密码算法和非对称密码算法。

对称密码算法的加密、解密流程是对称的，采用相同的密钥。如图10-1所示，用户通过加密算法，结合密钥将明文转换为密文，只有掌握相同密钥和解密算法的用户才能将密文转换为明文。

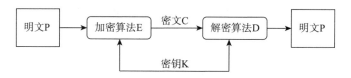

图 10-1　对称密码加密、解密流程

---

①　本部分资料来源：梅宏主编《数据治理之法》，中国人民大学出版社，2022。

非对称密码算法又称公钥密码算法，它采用一对不同的密钥将加密和解密分开：一个密钥为公钥（public key），可以直接公开；另一个密钥为私钥（private key），需要保密存储。若使用公钥对数据加密，则只有使用相应的公钥才能解密。非对称密码加密、解密流程如图 10-2 所示。

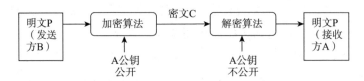

图 10-2　非对称密码加密、解密流程

（2）匿名化和去标识化

匿名化与去标识化技术可以降低数据泄露风险。匿名化是指将数据中的个人标识信息去除，使数据无法直接关联特定个人。去标识化则是将数据中的个人标识信息替换为无法识别个人的标识符。例如，将用户的姓名和身份证号替换为随机生成的用户 ID，确保在数据分析和共享的过程中无法识别个人身份。这些技术不仅保护了数据主体的隐私，还能在数据共享时降低法律风险。

（3）数据访问控制

数据访问控制是确保数据安全的重要技术，可以分为 3 种典型的模型：自主访问控制、强制访问控制、角色访问控制。这 3 种模型均涉及以下几个基本元素。

①主体：发起访问请求的实体，如系统用户。

②客体：被访问的实体，如系统数据。

③访问权限：被允许的主体对客体的操作，如读写操作。

④访问控制策略：对系统中主体访问客体的约束需求描述。

⑤访问授权：访问控制系统按照访问控制策略赋予主体访问权限。

通过设置权限等级，明确用户访问权限，确保只有授权人员才能访问特定数据。例如，通过角色访问控制系统，根据用户的角色和职责确定不同的访问权限。数据访问控制技术不仅能防止数据被未经授权的用户访问，还能在数据泄露时减少损失。此外，访问控制系统应记录用户的访问行为，增强数据访问的可追溯性。

10.5 全球个人数据管理的法律与政策

在全球数字化进程中，个人数据保护已成为各国立法和监管的重点。不同国家和地区纷纷出台了一系列法律法规，以确保个人数据的安全和隐私。以下将介绍欧盟《通用数据保护条例》、美国《加州消费者隐私法案》和《中华人民共和国个人信息保护法》的主要内容。

10.5.1 欧盟《通用数据保护条例》[①]

《通用数据保护条例》是欧盟为加强个人数据保护而制定的一项重要法规，自 2018 年 5 月 25 日起正式生效。《通用数据保护条例》的核心目标是保护欧盟公民的个人数据和隐私，确保数据处理的透明性和合法性。《通用数据保护条例》强调用户知情同意和数据主体权利，要求企业在收集和处理个人数据时，必须获得数据主体的明确同意，同意应是自愿、具体、知情的，并且可以随时撤回。例如，用户在注册网站时，应明确同意网站收集其姓名、电子邮件地址等信息并用于特定目的。《通用数据保护条例》还规定，一旦发生数据泄露，企业必须在 72 小时内向相关监管机构报告，并在必要时通知数据主体。这一规定旨在确保数据主体能够及时了解数据泄露情况，采取相应的保护措施。此外，《通用数据保护条例》针对违规行为设定了高额罚款标准，最高可达企业年营业额的 4% 或 2000 万欧元（以较高者为准），这大大增强了企业的数据合规和保护意识。

10.5.2 美国《加州消费者隐私法案》[②]

《加州消费者隐私法案》是美国加州为保护消费者隐私而制定的一项重要法案，自 2020 年 1 月 1 日起生效。《加州消费者隐私法案》赋予消费

---

① 吴沈括：《〈2018 年加州消费者隐私法案〉中的个人信息保护》，《信息安全与通信保密》2018 年第 12 期。

② 崔亚冰：《〈加州消费者隐私法案〉的形成、定位与影响》，《网络法律评论》2017 年第 1 期。

者广泛的知情权、访问权和删除权，确保消费者能够了解和控制自己的个人数据。根据《加州消费者隐私法案》，消费者有权要求企业披露收集的个人数据的类别和具体信息，有权要求企业删除个人数据。《加州消费者隐私法案》还要求企业提供"拒绝销售个人数据"的选项，消费者可以通过这一选项阻止企业将个人数据出售给第三方。这一规定不仅强化了消费者对个人数据的控制，还促使企业更加谨慎地处理和管理个人数据，确保透明性和合规性。

10.5.3　《中华人民共和国个人信息保护法》①

《中华人民共和国个人信息保护法》于 2021 年 11 月 1 日起正式实施，是中国在个人信息保护领域的一部重要法律。《中华人民共和国个人信息保护法》确立了个人信息处理的合法性基础，明确要求企业在收集和处理个人信息时，必须遵循合法、正当、必要的原则，确保个人信息处理的透明性和合法性。《中华人民共和国个人信息保护法》还特别强调了敏感个人信息的保护要求，对敏感个人信息的处理提出了更高的标准。敏感个人信息包括生物识别信息、医疗健康信息、金融账户信息等，这些信息一旦被泄露或滥用，将对个人造成严重的损害。因此，企业在处理敏感个人信息时，必须采取更加严格的安全措施，确保数据的安全性和保密性。

此外，《中华人民共和国个人信息保护法》强化了数据跨境传输的合规性，要求企业在跨境传输个人信息时，必须符合国家相关规定，确保数据跨境传输的安全性和合法性。这一规定不仅保护了中国公民的个人信息安全，还促进了数据跨境传输的规范和有序。

以上法律法规通过明确用户知情同意、数据主体权利、数据泄露报告、敏感个人信息保护和数据跨境传输合规性等要求，构建了一个全面、严格的数据保护框架。这不仅保护了个人数据的安全和隐私，还促使企业在全球范围内提高数据治理水平。通过遵循这些法律法规，企业可以更好地管理个人数据，增强用户信任，促进数字经济的健康发展。

---

① 《中华人民共和国个人信息保护法》，中国政府网，2021 年 8 月 20 日，https://www.gov.cn/xinwen/2021-08/20/content_5632486.htm。

10.6　个人数据信托

10.6.1　个人数据信托的含义

根据《中华人民共和国信托法》第 2 条①，信托是指"委托人基于对受托人的信任，将其财产权委托给受托人，由受托人按委托人的意愿以自己的名义，为受益人的利益或者特定目的，进行管理或者处分的行为"。数据信托借鉴《中华人民共和国信托法》的信托机制，基于保护个人数据权利的目的，推动数据交易市场的有序发展。

个人数据信托可以定义为：委托人基于对受托人的信任，将其拥有的数据权利委托给专业受托人，由受托人按委托人的意愿进行管理或者处分的行为②。数据信托包括以数据为中心、以数据主体为中心以及以数据收集者为中心等类型。

10.6.2　个人数据信托的目的

保护数据主体权益。在数字化时代，个人数据被广泛收集和使用，但数据主体往往缺乏对数据的控制权和知情权，导致数据滥用和非法交易问题频发。建立个人数据信托，可以在法律框架内明确数据所有权与使用权的分离，赋予受托人管理责任。受托人作为中立第三方，负责按照信托协议管理数据，确保数据主体对数据的访问、修改和删除权利得到保障，同时防止数据被未经授权的第三方滥用。

促进数据合理利用。个人数据信托在保护隐私的前提下推动数据的社会化利用，涉及医疗研究、城市规划等领域。通过信托协议，明确规定数据的使用范围、目的和期限，确保数据使用行为合法合规。在医疗领域，患者的健康数据可以通过信托机制安全地提供给科研机构，用于疾病研究和药物开发，同时避免数据泄露或滥用。通过信托机制，数据主体可以放

① 《中华人民共和国信托法》，国家法律法规数据库，2001 年 4 月 28 日，https://flk.npc.gov.cn/detail2.html？MmM5MDlmZGQ2NzhiZjE3OTAxNjc4YmY2MGUxZDAyNzE%3D。
② 逯达：《个人数据信托的法理阐释、生成逻辑及制度建构研究》，《征信》2025 年第 1 期。

心授权数据使用，而数据使用者也能在合规框架内获取高质量的数据，从而实现双赢。

建立信任机制。数据主体与数据使用者之间普遍存在信任缺失问题，导致数据共享和协作难以实现。个人数据信托引入第三方受托机构作为中立管理者，能够有效解决这一问题。受托机构负责监督数据使用的合规性，确保数据使用行为符合信托协议。例如，受托机构可以定期审计数据使用情况，并向数据主体提供透明的报告，增强其信任感。

促进数据流通与共享。个人数据信托通过打破数据孤岛，推动跨行业、跨领域的数据协作。在传统模式下，数据分散在不同机构和个人手中，难以实现高效流通和共享。通过信托机制，设计标准化的数据接口和授权协议，降低数据交易的成本和复杂性。例如，在金融领域，个人信用数据可以通过信托机制安全地共享给银行和金融机构，用于风险评估和信贷审批，同时保护数据主体的隐私权益。此外，信托机制还可以通过技术手段（如联邦学习）实现数据的"可用不可见"，进一步降低数据泄露风险。

10.6.3 个人数据信托模式

（1）公益个人数据信托模式

公益个人数据信托模式的核心特点是将数据用于公共利益目标，如公共健康研究、环境保护、教育发展等。在这种模式下，受托人通常为非营利机构，如政府机构、科研院所或慈善组织。公益个人数据信托模式强调数据的社会价值而非经济利益，旨在通过数据共享推动社会进步。公益个人数据信托模式的运作方式如表 10-1 所示。

表 10-1　公益个人数据信托模式的运作方式

项目	内涵
数据捐赠	数据主体自愿将数据捐赠给公益信托，明确授权数据用于特定的公益目的
数据管理	受托人负责数据的存储、处理和使用，确保数据安全性和隐私保护
数据监督	受托人定期向社会公开数据使用情况，接受公众监督，确保数据使用符合公益目标
成果共享	通过数据使用产生的科研成果获得社会效益，向公众开放或用于改善公共服务

资料来源：笔者自制。

（2）商业个人数据信托模式

商业个人数据信托模式以市场化方式运营，强调数据的经济价值。在这种模式下，数据主体通过信托机制授权企业使用数据，企业支付使用费用，收益按比例分配给数据主体与信托机构。商业个人数据信托模式的核心目标是实现数据价值的最大化，同时保障数据主体的权益。商业个人数据信托模式的运作方式如表 10-2 所示。

表 10-2 商业个人数据信托模式的运作方式

项目	内涵
数据授权	数据主体通过信托平台授权企业使用其数据，明确使用范围、期限和目的
收益分配	企业支付数据使用费用，信托机构按照约定比例将收益分配给数据主体，并收取一定的管理费
合规监督	信托机构负责监督企业的数据使用行为，确保其符合法律法规和信托协议
动态管理	数据主体可以随时调整授权范围或撤回数据使用权，确保对其数据的控制权

资料来源：笔者自制。

通过以上两种模式，个人数据信托能够在不同场景下实现数据价值最大化，同时保障数据主体的权益，为数据生态的健康发展提供了重要支持。

| 拓展阅读 |

全国首个个人数据信托案例初步成形

近年来，贵阳加快构建数据基础制度，不断释放数据要素潜能，数据要素产业生态逐步健全。2015 年，全国首个大数据交易所——贵阳大数据交易所正式挂牌运营并完成首批大数据交易；2022 年初，贵阳大数据交易所在完成优化提升后，在全国首发数据交易规则体系，打造面向全国的数据流通交易平台，同时创新运营模式，在全国率先上线了气象数据专区、电力数据专区、政府数据专区等，依法依规面向全国提供高效便捷、安全合规的数据市场化流通交易服务。

2023 年 4 月 25 日，全国首笔个人数据合规流转交易在贵阳大数据交易所完成。在个人用户知情且明确授权的情况下，贵阳大数据交易所联合好活（贵州）网络科技有限公司（以下简称"好活科技"），利用数字

化、隐私计算等技术采集求职者的个人简历数据，在确保用户数据"可用不可见"的前提下，通过贵阳大数据交易所"数据产品交易价格计算器"，并结合好活科技的简历价格计算模型和应用场景，针对灵活用工就业服务，为个人简历数据提供交易估价参考，在个人数据授权、采集加工、安全合规、场景应用、收益分配等方面完成交易闭环。经过处理的"数据产品"在贵阳大数据交易所上架后，用人单位可以购买数据，而个人用户可以通过平台获得利润分成。

开创 B2B2C 数据交易的全新商业模式　探索个人数据交易合规路径

个人数据包括个人身份信息、银行账户、社交媒体账户等，是数据要素的重要组成部分，被普遍认为是最重要、最具有应用价值和流通价值的数据要素。合理发挥个人数据的价值，有利于提升社会治理和经济运行的效率。

2021 年出台的《中华人民共和国个人信息保护法》为个人信息处理明确了"告知—同意""最小化"等基本原则，为个人信息的商业化提供了一条"用户明示同意、企业处理使用"的路径。

2022 年底发布的《中共中央　国务院关于构建数据基础制度更好发挥数据要素作用的意见》提出建立公共数据、企业数据、个人数据分级分类确权授权制度，并为个人数据的授权、采集、托管、加工、使用、保护等指明发展方向。

在数据分级分类管理机制下，通过创新技术、管理手段开发出的个人数据产品，可以合法合规地在数据交易平台进行交易。但由于个人数据的敏感性，个人数据合规使用往往面临投入大、收益低、技术难度大等问题。因此，在贵阳大数据交易所和好活科技联合完成的全国首笔个人数据合规流转交易之前，贵阳大数据交易所的场内交易仅限于不涉及个人数据的公共数据和行业数据。

全国首笔个人数据合规流转交易在数据权属界定尚未在我国法律中明确、数据权益规则体系尚未完善的情况下，实现了个人从数据产品交易中获取收益，是一次突破性的尝试，无疑为未来我国的个人数据交易提供了重要参考。

贵阳大数据交易所个人数据专项小组负责人郭东旭介绍，个人将自己的简历数据通过数据信托的方式托管给贵阳大数据交易所，再由贵阳大数据交易所委托给数据中介好活科技进行运营，好活科技通过数据治理、脱敏加密、产品封装销售等工作，从数据销售中获取中介费用。

兼顾经济效益和社会效益　个人数据合规流转交易成效初显

个人数据往往包含大量个人信息，同一个人的信息对于不同主体而言，价值可能相差甚远。在评估个人数据价值时，既要考虑数据本身的价值，又要考虑数据能给数据主体带来的风险和机会。

"个人数据一定要合法合规流通，我们请律师事务所对整个交易流程进行了评估，确保交易流程完全合规合法。要完全征得用户本人同意，在个人用户知情且明确授权的情况下，再去收集用户数据并完成数据资产化。为了保护用户隐私，在获取用户数据后我们采用了一部分隐私保护技术，确保数据能被安全地交易和使用。"好活科技总裁蔡俊认为，个人数据交易是促进数据要素流通的重要方面，但一定要确保整个过程合规流转，从而规避个人数据交易给个人带来的风险。

由于数据要素产权界定难、数据要素利益分配存在争议，在以往的个人数据交易过程中，除了存在数据安全难以保障的问题，还存在个人无法从数据交易中直接获益等问题。郭东旭表示，为了解决这些问题，在保障个人数据安全合规，个人明确知道自己的数据被流转、使用、销毁等的基础上，增加个人可以直接从数据交易中获益等环节，让个人感到以自己的数据进行交易是安全的，自己的数据是有价值的，进一步释放个人数据要素价值。

进一步挖掘个人数据价值　推动数据高效流通

个人数据合规流转交易有着更加广阔的发展空间。随着数字经济的快速发展，个人数据的价值逐渐被认识和发掘，个人数据合规流转交易将成为数字经济发展的重要支撑和保障，需要各方共同努力、加强合作，推动个人数据合规流转交易的发展，为数字经济的发展和繁荣做出更大的贡献。

"未来个人数据交易有两个发展方向：一是个人数据应当进行分类分级，基于分类分级制度进行有限制、有保障的交易；二是个人数据交易应当确保个人信息安全、数据安全，最好的方式就是入场交易，由数据交易所进行管理，提升交易透明度，接受各方监督。"郭东旭认为，从交易频率和交易量来看，在个人数据能得到安全、合规保障的前提下，加上个人能够从自己的数据交易中获益，未来会有越来越多的人有意愿交易自己的数据。贵阳大数据交易所将持续联合数据商、数据中介等机构，共同探索更多的个人数据交易安全保障方式和商业模式，让个人数据实现可持有、可使用、可流通、可交易、可收益，从而推动数字经济高质量发展，为人力资源市场注入新活力。

蔡俊表示，好活科技作为一家数字化就业服务与协同治理平台，未来将继续鼓励更多求职者进行个人数据合规流转交易，同时通过个人数据资产化处理，引导求职者量化自身的职业发展规划。

2023 年 8 月，《贵阳贵安推进数据要素市场化配置改革支持贵阳大数据交易所优化提升实施方案》印发，明确将围绕支持贵阳大数据交易所优化提升，全力推进贵阳贵安数据要素市场化配置改革。根据规划，到 2025 年，贵阳大数据交易所年度交易额将突破 100 亿元，数据交易生态企业突破 1000 家。未来，贵阳将继续培育数据要素产业生态，壮大数据要素市场，开发更多数据交易"贵阳模式"，为建设数字经济发展创新区、核心区提供有力支撑，也为我国数据交易市场的健康有序发展贡献更多可复制可推广的经验和做法。

（资料来源：贵阳市大数据发展管理局网站，2023 年 10 月 10 日）

本章思考题

1. 个人数据与个人信息的关系是什么？
2. 个人数据管理有哪些原则？
3. 全球有哪些个人数据管理的相关政策法规？

11　数据产业

在数字化时代，数据产业作为变革的核心驱动力，正以惊人的速度崛起，成为推动创新、提升效率和创造价值的关键领域。本章将深入探讨数据产业的各个方面，从技术基础到应用场景，从政策法规到伦理挑战，全面剖析这一新兴产业的发展现状并预测未来发展趋势。数据产业的崛起不仅是一个技术现象，更是一个社会现象，它将深刻地影响每一个人的生活和未来。

11.1　数据产业的内涵

数据产业是数字经济时代的重要组成部分，其内涵丰富且维度多元。从广义上讲，数据产业是利用现代信息技术对数据资源进行产品或服务开发，并推动其流通应用所形成的新兴产业。它涵盖了数据采集汇聚、数据计算存储、数据流通交易、数据开发利用、数据安全治理等多个环节。数据产业的构成要素主要包括数据资源、数据技术、数据产品、数据企业和数据生态①，如图 11-1 所示。

数据资源是数据产业的基础，包括原始数据及其衍生物；数据技术是推动数据产业发展的核心手段，如大数据、人工智能、云计算等；数据产品是数据产业的外在表现形式，包括脱敏数据、核验报告等；数据企业是数据产业的具象载体，包括数据基础设施企业等；数据生态则是数据产业的核心竞争力，包括产业链上下游企业、数据交易平台、数据安全机构等。

---

① 《数据产业图谱（2024）》，中国信息通信研究院，2024 年。

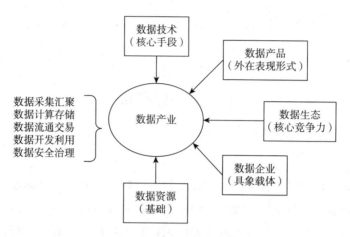

图 11-1 数据产业的构成要素

资料来源：《数据产业图谱（2024）》，中国信息通信研究院，2024 年。

从产业发展的角度来看，数据产业具有显著的特征。数据资源是基础，数据技术快速迭代，数据产品种类繁多且不断升级，数据企业呈现龙头引领与共生发展的态势，数据生态相互融合。这些特征共同推动数据产业的快速发展，并使其在经济社会发展中发挥重要作用。数据产业的发展不仅受到技术进步的推动，还受到政策支持的影响。《"十四五"大数据产业发展规划》提出，大数据产业是以数据生成、采集、存储、加工、分析和服务为核心的战略性新兴产业，通过整合和挖掘海量、多样化的数据，广泛应用于经济转型、社会治理、智能制造等领域。此外，国家发展改革委等部门发布的《关于促进数据产业高质量发展的指导意见》也强调了数据产业在推动数字经济发展中的关键作用。

11.2 数据产业的构成

数据产业的构成可以从多个维度进行分析，其核心要素包括数据资源、数据技术、数据产品、数据企业和数据生态。这些要素相互作用，共同推动数据产业的发展。

11.2.1 数据资源

数据被称为继土地、劳动力、资本、技术之后，全球企业争相追逐的

"第五元素"①，数据资源的重要性不言而喻。数据资源是数据产业的基础，是指以电子化形式记录和保存，具备原始性、可机器读取、可供社会化再利用等特点的数据集合。它不仅包括企业内部的数据，还涵盖外部的市场调研数据、用户生成数据等。数据资源的核心在于其潜在价值，这些数据经过处理和分析后能够产生更大的价值。

从法律和政策层面来看，数据资源被视为一种具有使用价值的新型资源，是数字经济发展的基础。国家发展改革委和国家数据局于2025年1月8日印发《公共数据资源登记管理暂行办法》，这一管理办法通过落实《中共中央办公厅 国务院办公厅关于加快公共数据资源开发利用的意见》，进一步规范了公共数据资源的登记工作，促进其合规高效开发利用。数据资源的管理和利用也受到国家政策的重视，相关政策文件强调数据资源在社会生产经营活动中的重要性。

从应用场景来看，数据资源主要用于数据的存储、备份和治理，而数据资产则更侧重于价值评估、成本分析和收益预测。数据资源是数据资产化的基础，只有为企业带来经济利益的数据资源才能转化为数据资产。

在转化路径上，数据资源化是第一步，涉及数据的采集、整理和汇聚，而数据资产化则进一步提炼数据资源，使其成为具有商业价值的资产，直接销售给客户带来收益。

数据资源与数据资产之间存在紧密联系，但也有明显区别。数据资源是具有潜在价值的原始数据集合，而数据资产是经过加工处理后能够为企业带来经济利益的数据。简而言之，数据资源是数据资产的"原材料"，只有经过有效的管理和分析，数据资源才能转化为数据资产。

相比之下，数据资产是指由组织合法拥有或控制、能够为企业带来经济利益、以物理或电子化方式记录的数据资源。数据资产必须具备明确的业务价值，可进行计量或交易，并能直接或间接带来经济效益和社会效益。数据资产的特点包括共享性、无消耗性、可被识别和计量以及可被管理和控制，客户资料库、分析报告、预测模型等都属于数据资产。

---

① 徐晶卉：《发力"第五元素"，激活数据经济潜能》，《文汇报》2023年12月29日。

11.2.2　数据技术

数据技术是促进数据产业发展的核心手段，应用于数据的采集、存储、处理、分析等全生命周期，关键技术包括大数据、人工智能、云计算、区块链和隐私计算等。数据技术不仅推动了数据资源的高效利用，还促进了数据产业的快速迭代和创新，在数据分析、网络安全等领域发挥着重要作用。以考研志愿数据分析为例，数据技术的应用主要体现在以下几个方面。

数据收集与预处理：通过网络爬虫技术，从中国研究生招生信息网、各高校研究生院网站等权威渠道收集历年考研国家分数线数据。这些数据涵盖了不同年份、不同地区、不同专业的分数线信息。在收集数据后，进行清洗、去重、去除异常值等预处理操作，确保数据的准确性和一致性。

数据分析与挖掘：运用数据挖掘技术和统计学方法，对清洗后的数据进行分析与挖掘。例如，通过描述性统计分析历年分数线的变化趋势，使用聚类分析对不同地区或学科的分数线进行分类，发现潜在的规律。

数据可视化：采用数据可视化技术，如柱状图、折线图等，将分析结果以直观、清晰的方式呈现。这不仅能帮助考生和教育机构更好地理解分数线的变化趋势，还能为决策提供支持。

预测模型构建：基于历史数据，利用机器学习算法（如线性回归、时间序列分析等）构建预测模型，预测未来的分数线走势。通过模型的优化，提高预测的准确性和可靠性。

个性化建议：根据分析结果，为考生提供个性化的备考建议。例如，根据考生的专业、目标院校和历年分数线数据，制定适合考生的报考策略和学习计划。

通过数据技术的应用，考研志愿数据分析不仅能为考生提供有价值的参考信息，帮助他们更好地制定备考计划、选择报考院校，还能为教育部门提供决策支持，促进考研制度的不断完善。

11.2.3　数据产品

数据产品是数据产业的外在表现形式，包括原始数据、脱敏数据、核验报告等。数据产品依托数据的加工和分析，满足不同行业和用户的需求，实现数据价值最大化。

数据产品在数字经济中扮演着越来越重要的角色，成为企业获取竞争优势的重要工具。随着大数据、人工智能、物联网等技术的迅猛发展，数据产品不仅涉及企业的运营管理，也广泛应用于消费者体验、市场营销、智能决策等方面。数据产品的核心价值在于通过对海量数据的收集、存储、处理和分析，制定有价值的商业策略，帮助企业优化运营、提高效率，并为客户提供更加个性化和精准的服务。

数据产品的核心在于它能够处理和分析大量数据，帮助用户从中提取有用的信息。在数据采集阶段，数据产品通过多种方式采集不同来源的数据，包括结构化数据、非结构化数据、实时数据等。通过应用大数据技术，这些数据可以被存储在分布式系统中，确保数据的高可用性和高效处理能力。数据存储与处理技术的发展，使企业能够借助云计算等方式轻松管理和分析海量数据。

数据产品的另一核心是数据分析。现代数据分析产品通常融合了数据挖掘、机器学习和人工智能等技术，帮助用户从复杂的数据中识别模式、预测趋势、做出决策。通过对客户行为数据、市场动态、生产数据等的分析，帮助企业优化内部管理，还能为外部客户提供个性化的推荐服务，提升用户体验。例如，零售行业的个性化推荐系统可以根据消费者的购买历史和兴趣偏好推荐商品，提高转化率。

除了提供深刻的业务洞察，数据产品的优势还在于其能够帮助企业实现自动化和智能化。在传统业务流程中，很多决策依赖人工判断和经验，而数据产品通过引入自动化决策支持系统，依托机器学习和预测模型，对市场动态、消费者行为等做出实时反应。这不仅提高了决策速度，还减少了人为错误，提升了运营效率。智能化应用已广泛渗透到各行各业，从自动化生产线到智能客服系统，数据产品在推动行业进步方面发挥了重要作用。

数据产品正以其强大的分析、决策支持、自动化和智能化功能，深刻改变各行各业的运作方式。它不仅帮助企业提高运营效率、降低成本、增加收入，还能为消费者提供个性化服务，提升用户体验。随着技术的不断进步，数据产品将在未来占据更加重要的位置，推动更多行业的数字化转型和智能化发展。企业若能有效利用数据产品，将在激烈的市场竞争中脱

颖而出，实现可持续发展。

11.2.4 数据企业

数据企业是数据产业的具象载体，涵盖数据资源企业、数据技术企业、数据服务企业、数据应用企业、数据安全企业和数据基础设施企业。这些企业在数据产业链中各司其职，共同推动数据资源的开发、技术的应用和产品的创新。

随着数字化转型的加速，数据企业的需求不断增加，尤其是在数据中台、数据治理和数据交易等领域。华为云、阿里云、百度云等大型云计算服务商在数据中台市场中占据重要地位，这些企业不仅提供数据存储和处理服务，还通过数据产品和服务推动行业的数字化转型。在其他领域，数据企业通过数据分析和建模，为金融机构提供风险评估服务，为医疗行业提供精准解决方案，为城市管理者提供智慧交通和环境监测服务。这些服务不仅提升了企业的竞争力，还促进了社会的高效运行和可持续发展。

DataHub[①] 等数据管理平台集成数据采集、清洗、存储、分析和可视化等功能，提供一站式管理体验。这些技术的应用不仅提高了数据处理的效率，还增强了数据的安全性和可用性。从市场趋势来看，数据企业正面临快速发展的机遇。随着数据要素市场的不断完善，数据企业的市场地位将进一步提升。预计到 2028 年，数据中台市场规模将达到 199.3 亿元，2023~2028 年复合增长率约为 7%[②]。

随着数据技术的不断发展，数据企业面临数据质量、性能评估、数据安全和隐私保护等方面的挑战，因此要大力推进数字技术与高技术产业的深度融合，加大对数据分析算力、算法的支持力度，增强高技术企业的数据挖掘、数据分析以及信息转化能力，逐步探索在企业内部建立数据管理部门，由专人负责数据的采集、处理、存储、应用等工作，加大对数据人才的培育和引进力度，注重对内部数据的收集和外部数据的探索，充分结

---

① DataHub 是一个高效的数据管理平台，由 LinkedIn 和 Acryl Data 共同开发，提供丰富的文档和有力的社区支持。

② 《2024 年中国数据中台行业研究报告》，界面新闻网，2024 年 7 月 22 日，https://www.jiemian.com/article/11447932.html。

合大数据分析、云计算、机器学习等技术，更好地将数据要素融入企业活动[1]。此外，由于数据产业链较长，当一个企业具备从数据源头到最终产品化的每一个步骤和细分领域的能力时，它就拥有整合整条产业链的优势。这种全面的能力能够让企业在数据产业中占据有利地位，更有效地利用数据资源开发更具竞争力的产品和服务[2]。

11.2.5 数据生态

数据生态是数据产业的核心竞争力，指的是围绕数据开展的科学研究、技术开发和产业应用形成的一个相互依存、相互支撑的产业体系。它涵盖了数据资源、数据技术、数据产品、数据企业等要素，这些要素在产业上下游、大中小企业之间或一个区域内相互协作，共同推动数据的开发、管理和应用。数据生态不仅包括数据的采集、存储、分析和共享，还涉及数据治理、数据安全和隐私保护等方面。一个健康的数据生态能够帮助企业打破数据孤岛，实现数据的高效流通和价值最大化。

在现代数据经济中，数据生态的重要性日益凸显。它推动了数据技术的创新和应用，促进了数据资源的优化配置和高效利用。数据生态的构建对于数据市场和数字经济具有重要的理论和实践意义。例如，通过整合内部和外部数据，企业可以更全面地了解市场需求和客户行为，从而制定更精准的业务策略。此外，数据生态的建设还包括构建分布式数据流通平台、推动行业数据应用创新以及加强数据要素基础理论研究。

数据生态的建设需要多方协作，包括政府、企业和科研机构等，以实现资源的最佳配置和效益的最大化。政府在其中扮演着关键角色，通过制定政策和标准，推动数据资源的开放与共享。企业通过技术创新和应用推广，将数据资源转化为数据资产和数据产品。科研机构通过基础研究和技术开发，为数据生态的建设提供技术支持。

数据生态的构建和发展对于数字经济具有重要意义。它不仅有助于提升数字经济发展的质量，还能增强数字经济的韧性。随着数字经济的快速

---

① 张矿伟、王桂梅、俞立平：《数据要素、市场一体化与高技术产业创新》，《系统工程理论与实践》2025年1月7日。

② 蒋元锐：《公共数据开放为企业带来发展新机遇》，《中华工商时报》2024年10月15日。

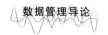

发展，数据生态将成为企业数字化转型和高质量发展的关键支撑。

11.3　数据产业的应用领域

数据产业的应用领域较为广泛，深刻改变了各行业的运作模式和决策方式。以下是对数据产业应用领域的综合分析。

11.3.1　数据产业在工业制造领域的应用

数据产业在工业制造领域的应用日益广泛，并且在提高生产效率、降低成本、提升产品质量和促进智能化转型方面起到了至关重要的作用。具体来说，数据产业在工业制造领域的应用主要集中在以下几个方面。

（1）智能制造

智能制造是指通过引入数据技术，使传统的制造过程实现数字化、网络化和智能化。随着物联网、大数据分析、云计算和人工智能的发展，智能制造正在逐步改变传统工业生产的模式。通过整合机器、设备、生产线以及供应链的各个环节，实时监测并调整生产过程，从而提高生产效率、减少能耗、优化资源配置。德国的"工业4.0"计划①是智能制造的代表之一。通过将生产设备、传感器和控制系统连接到互联网，实时监控设备的运行状态、产量和效率，工厂可以自动进行生产调度，调整生产流程，确保生产系统在最佳状态下运行。此外，中国制造企业如富士康也采用了智能制造技术，通过机器人和自动化生产线提高生产效率和产品精度。

（2）预测性维护

预测性维护是指利用大数据技术对机器设备的运行状态进行实时监测，分析设备的健康状况并预测可能出现的故障。通过收集设备运行数据，应用数据分析技术预测设备的维护需求，提前进行维修或更换，减少突发故障，并最大限度地缩短停机时间。例如，通用电气（GE）在其Predix平台中采用了预测性维护技术，通过对生产线上所有设备进行实时

---

① 德国的"工业4.0"计划自2011年起成为德国制造业发展和升级的核心组成部分，该计划旨在通过全面引入信息技术推动制造业的智能化转型。

数据采集和分析，提前发现设备的潜在故障，并采取相应的维修措施。这种方法不仅提高了生产的可靠性，还降低了维修成本。

（3）供应链管理

供应链管理在制造业中占据着非常重要的位置。通过大数据分析，企业可以更精确地预测市场需求、提升库存水平、优化生产计划和运输路线。大数据分析可以帮助企业在确保供应链效率的同时降低库存成本，避免过度生产，减少原材料的浪费。例如，沃尔玛利用大数据技术优化供应链管理，通过分析历史销售数据、消费者行为和市场趋势，更准确地预测消费者需求，从而减少库存积压。同时，沃尔玛通过大数据技术优化了物流网络，确保货物能最快送达各地门店。

（4）产品质量管理

产品质量管理是制造业中最为关键的环节。传统的产品质量管理方法依赖人工检查和质量检验设备，但随着数据技术的发展，生产过程中产生的各种数据可以用于实时监测产品质量。对生产过程中产生的数据进行实时分析，能够及时发现质量问题并加以解决，确保产品符合质量标准。例如，丰田汽车在生产线上采用了基于大数据的质量管理系统，通过实时收集生产过程中各个环节的数据，如温度、湿度、压力等，监测生产条件是否满足标准，并对可能出现的质量问题进行及时处理。这样不仅减少了不合格品，还提高了生产效率。

（5）能源管理

能源消耗是制造业中一个重要的成本因素。通过采集和分析能源消耗数据，企业能够更好地理解各个生产环节的能耗情况，识别能效较低的环节，并采取措施提升能源使用效率。数据分析可以帮助企业降低能源消耗、减少浪费，从而降低生产成本并提升企业的环保水平。例如，西门子在其制造工厂中采用了能源管理系统，通过传感器和大数据分析实时监控能源消耗情况。该系统能够识别能源消耗高的设备和环节，并给出节能改进方案，从而帮助企业有效降低能源成本并推动绿色制造。

（6）定制化生产

随着消费者需求的个性化和多样化，传统的大规模生产模式逐渐无法满足市场的需求。数据产业通过对消费者需求、市场趋势等数据的分析，使定制化生产成为可能。通过灵活的生产调度和个性化配置，制造企业能

够提供定制化的产品，满足消费者个性化需求，同时提高生产线的灵活性和生产效率。耐克的"NIKEID"平台就是利用大数据分析提供个性化定制的典型案例。消费者可以根据自己的需求和喜好，定制鞋款的颜色、材质和设计风格，耐克则通过数据分析来预测这些需求，优化生产线配置，实现个性化生产。

数据产业在工业制造领域的应用大大推动了制造业的数字化、智能化和自动化转型。从智能制造到预测性维护再到供应链优化和质量管理，大数据等技术的应用不仅提升了生产效率，还帮助企业降低了成本、提高了产品质量，并推动绿色可持续发展。随着技术的不断进步，未来数据产业在工业制造领域的应用将更加广泛，进一步推动制造业朝数字化、智能化方向发展。

11.3.2 数据产业在现代农业领域的应用

随着大数据、人工智能、物联网等技术的快速发展，数据产业正在推动农业生产方式的转型。相关技术为农业发展提供了前所未有的支持，帮助农业实现精细化管理、提高生产效率、降低成本、增加产值，并促进可持续发展。以下是数据产业在现代农业领域的主要应用。

（1）农作物生长监测与预测

农业生产中，气候、土壤等因素对作物的生长有重要影响。数据产业的应用可以帮助农民实时监测作物的生长情况，提前发现病虫害、干旱等风险，从而采取有效的预防措施，确保作物的产量。例如，美国 John Deere 公司利用卫星遥感和无人机技术，结合地面传感器数据，对农田进行全面监测。通过分析作物的生长数据和气候变化信息，农民可以实时了解作物的生长状态，预测产量并优化施肥、灌溉等农业生产管理措施。这不仅提高了农业生产的效率，还降低了生产成本。

（2）农业物联网

物联网技术在农业中的应用主要体现为通过传感器、智能设备、农业机器等的联网，实现数据的实时采集和传输。农业物联网使农民可以远程监控农田的温度、湿度、光照等，为农业管理提供全面的支持。例如，"京东农场"项目通过农业物联网技术，在大棚中安装了各种传感器，实时监测大棚内的环境数据，如温度、湿度、二氧化碳浓度等，并通过数据平台进行分析，自动调节风扇、灌溉系统和照明设备，确保作物在最佳环境下生长。

（3）农业供应链优化

农业供应链优化涉及从生产、加工到销售的各个环节，数据产业的应用可以提高农业供应链的透明度、效率和响应速度，确保农产品质量和供应的稳定性。同时，通过数据分析预测市场需求，优化库存和物流，减少农产品的浪费。阿里巴巴的"农产品追溯系统"就是一个典型例子。通过区块链和大数据技术，阿里巴巴为农产品提供全程可追溯的供应链管理服务，确保农产品从田间到餐桌的每一个环节都能被监控和记录。消费者扫描二维码可以查询到产品的来源、生产日期、质量检测报告等信息，提升了消费者的信任度，也促进了农产品的销售。

（4）病虫害监测与防治

病虫害是农业生产中的一个重要问题，传统的防治方法往往依赖经验和人工巡查，效率较低。借助数据技术，农民可以实时监测病虫害情况，精确判断病虫害的类型和蔓延范围，从而采取有针对性的防治措施，降低农药的使用量，减少环境污染。例如，浙江大学研发的"智慧农田病虫害监测系统"通过无人机搭载高清摄像头拍摄农田图像，利用图像识别和大数据分析，准确识别作物上存在的病虫害，并通过云平台实时反馈给农民。农民可以根据具体情况采取精准的防治措施，不仅提高了防治效果，也减少了农药的使用，保护了环境。

（5）农业金融服务

随着数据产业的发展，农业金融服务发生了重要变革。大数据技术可以帮助金融机构更好地评估农业项目的风险和回报，提供更精准的贷款、保险等服务。同时，数据分析可以帮助农民获得个性化的金融产品，提升农业金融服务的普及率和可获取性。例如，蚂蚁金服通过大数据平台为农民提供农业贷款服务。通过收集和分析农民的生产和财务数据，蚂蚁金服能够为农民提供精准的贷款额度和贷款期限，解决了许多农民在资金方面存在的困难。

11.3.3 数据产业在交通运输领域的应用

数据产业正逐渐成为推动交通运输领域创新的核心力量，数据产业

的发展助力交通运输领域在提升效率、优化资源配置、减少碳排放、提高安全性等方面取得了显著的进展。以下是数据产业在交通运输领域的主要应用。

（1）智能交通系统（ITS）

智能交通系统通过集成先进的传感器、大数据分析等技术，对交通流量、路况信息、交通事故等进行实时监控和管理，提升交通运输系统的效率和安全性，核心目标是减少交通拥堵、提高道路通行能力并减少交通事故的发生。例如，"北京智能交通系统"通过在主要道路上安装传感器和摄像头，实时监测交通流量、路况、天气等。这些数据通过大数据分析平台进行处理，实时调整信号灯，管理交通流量，优化行车路线。该系统有效缓解了城市交通运输压力，提高了出行效率。

（2）车联网（V2X）

车联网技术是指车辆与路面设施、其他车辆以及云端等进行数据交换和通信，从而实现交通信息共享、协同控制及交通安全水平的提升。车联网技术可以实时获取道路、信号灯、其他车辆的状态信息，提高交通运输效率，减少交通事故的发生。例如，美国的"V2X车联网测试项目"通过在道路上安装智能设备，使车辆与这些设备进行实时通信，获得路况信息。当某一辆车接近交叉路口时，系统可以提醒驾驶员附近是否有车辆及信号灯的状态。这种信息共享不仅有助于提高安全性，还能减少交通拥堵。

（3）自动驾驶

自动驾驶通过人工智能、传感器、机器学习等技术，使车辆能够在没有人工干预的情况下安全行驶。自动驾驶车辆通过感知周围环境，与交通运输系统进行实时互动，不仅可以提升驾驶的安全性和效率，还能减少交通事故，降低油耗和排放。特斯拉的自动驾驶技术就是这一领域的代表，其Autopilot系统利用传感器（如激光雷达、摄像头等）采集道路信息数据，并通过计算机算法实时处理这些数据，帮助车辆进行自动加速、刹车、转向等操作。自动驾驶技术不仅提升了驾驶体验，也为未来的无人驾驶奠定了基础。

（4）智能物流与供应链优化

在物流和供应链领域，数据产业的应用主要体现在实时追踪货物、优化物流路线、提高库存管理效率和减少运输成本等方面。通过传感器、物联网、人工智能等技术，物流企业能够实时获取货物和运输工具的位置、状态等信息，进而进行智能调度和管理。亚马逊的智能物流系统就是一个典型案例，亚马逊通过物联网技术，在其物流中心和配送车辆上安装传感器，实时监控包裹的位置等信息。借助大数据分析，亚马逊能够预测最佳配送路线和时间，从而降低运输成本并提高配送效率。此外，亚马逊还通过无人机进行包裹投递测试，进一步提升了物流的自动化水平。

（5）共享出行

共享出行是指通过共享平台（如滴滴出行、Uber 等），让用户能够根据需求随时租用汽车、出租车等交通工具。数据产业在共享出行中的应用主要体现在用户行为分析、路线规划、动态调度等方面。通过数据分析，实现更加精准的出行推荐和资源调度，提升用户体验和运营效率。例如，滴滴出行利用大数据和人工智能算法，为用户提供实时服务。通过分析历史数据，滴滴出行可以预测用户的出行需求，合理安排车辆和司机，优化调度方案，降低空驶率。

11.3.4 数据产业在金融服务领域的应用

在金融服务领域，通过数据分析和处理技术，金融机构能够提供更加精准、高效的服务，提升风险管理水平，降低运营成本，提升客户体验。以下是数据产业在金融服务领域的主要应用。

（1）智能风控与风险管理

金融服务领域面临的一个重要挑战就是风险控制，尤其是在信贷、保险、证券等业务中。数据产业通过大数据分析、人工智能和机器学习等技术，帮助金融机构对客户信用、市场风险、操作风险等进行精准评估，并进行动态调整。这些技术的应用使金融机构能够实时识别和管理潜在的风险，确保金融系统的稳定性。蚂蚁金服的"芝麻信用"系统是智能风控的代表之一。芝麻信用通过大数据分析评估用户的信用风险，不仅包括传统的征信数据，还包括社交、消费、行为习惯等多维数据。这使系统能够更加全面、准确地评估借款人的信用风险，从而有效降低违约率。

（2）个性化金融服务

数据产业通过对海量用户行为、交易、偏好等数据的分析，为金融机

构客户提供定制化的金融产品和服务。例如，银行可以根据客户的消费习惯、收入情况、风险偏好等数据，推荐合适的理财产品、贷款方案等。大数据和人工智能使金融机构能够更好地理解客户需求，提升客户满意度，增强客户黏性。例如，摩根大通（J. P. Morgan）通过大数据分析为客户提供个性化的投资建议。通过分析客户的资金流动、市场动向、投资习惯等数据，摩根大通的智能投资平台"JPMorgan AI"能够为客户提供量身定制的投资组合，并根据市场变化进行动态调整，这样的个性化服务不仅提升了客户的投资收益，还增强了客户对金融机构的信任。

（3）大数据反欺诈

在金融服务领域，欺诈行为的发生往往给金融机构带来巨大的经济损失。借助数据技术，金融机构能够实时分析交易数据、客户行为和交易环境，识别异常行为，及时发现潜在的欺诈风险，阻止欺诈活动发生。例如，Visa利用大数据分析技术构建了全球反欺诈系统，通过分析每一笔交易的特征，包括交易金额、地点、时间、客户行为等，建立用户行为模型。当出现与常规交易模式不符的情况时，系统会立即发出警报并冻结相关账户，大大降低了欺诈风险。此外，Visa还通过机器学习不断优化反欺诈模型，提高准确性和效率。

（4）高频交易与智能投资

金融市场的波动性和复杂性使传统的投资策略往往难以应对，而机器学习等技术可以帮助投资者根据实时数据和历史数据进行快速决策，以获得利润。例如，高盛等金融机构通过数据分析和算法模型，在毫秒级别内执行交易决策，不仅提高了交易效率，还为投资者带来了更多利润。

（5）区块链与金融透明度

区块链技术在金融领域尤其是支付、跨境转账、清算和结算等方面的应用，能够提高金融交易的透明度、安全性和效率。数据产业通过区块链技术的分布式账本和加密技术，确保了交易的安全性和可追溯性，减少了中介的干预。例如，汇丰银行和其他大型银行已经在跨境支付领域采用区块链技术，利用区块链的去中心化和不可篡改的特性，实现更加透明和安全的跨境支付服务。区块链技术大大缩短了交易时间，降低了交易成本，并减少了汇款过程中的操作错误和欺诈风险。

11.4　数据产业的市场分析

数据产业的市场分析是一个复杂而多维的课题，涉及市场规模、技术发展、应用领域、竞争格局以及政策环境等多个方面。近年来，随着数字经济的快速发展，数据产业已成为推动全球经济增长和行业变革的关键力量。

11.4.1　市场规模与增长趋势

数据产业的市场规模呈现快速增长的态势。以大数据产业为例，2022年，中国大数据产业规模达到 1.57 万亿元，同比增长 18%[①]。预计 2025年全球大数据产业规模将超过 3500 亿美元，而中国大数据产业规模有望突破 3 万亿元。根据前瞻产业研究院的预测，2029 年中国大数据产业规模将达到 7.25 万亿元，2024~2029 年复合增长率约为 25%。这种增长趋势不仅反映了数据产业的经济潜力，也表明了其在各行业中的重要性。2024 年，我国数据企业数量已超过 19 万家，产业规模突破 2 万亿元，年均增长率达 25%以上[②]。2025 年 1 月 6 日，国家发展改革委、国家数据局、工业和信息化部联合印发《国家数据基础设施建设指引》[③]（以下简称《指引》）。《指引》从数据流通利用、算力底座、网络支撑、安全防护等方面指明国家数据基础设施具体建设方向。

11.4.2　产业链结构

数据产业链涵盖了从数据采集、存储、处理到应用的各个环节，是一个集成化的技术体系。随着互联网、物联网的不断发展，海量数据在各行各业产生，构成了数据产业链的基础。

基础设施层是数据产业链的核心，包括数据存储和计算平台。由于传

---

① 《2022 年我国大数据产业规模达 1.57 万亿元》，中国政府网，2023 年 2 月 22 日，https://www.gov.cn/xinwen/2023-02/22/content_5742649.htm。

② 《数据产业图谱（2024）》，中国信息通信研究院，2024 年。

③ 《国家发展改革委 国家数据局 工业和信息化部关于印发〈国家数据基础设施建设指引〉的通知》，中国政府网，2025 年 1 月 1 日，https://www.gov.cn/zhengce/zhengceku/202501/content_6996487.htm。

统的数据存储方式无法处理庞大的数据量，分布式存储、云计算等技术成为支撑数据产业发展的关键。云计算平台大大降低了企业对硬件设备的依赖度，使企业可以根据需求灵活调整计算资源。云计算平台可以将数据存储在分布式系统中，确保数据的高可用性和可靠性，同时具备快速处理能力，为数据分析和实时计算提供支撑。

数据服务层是数据产业链的中枢，涉及数据的采集、清洗、存储、分析与处理。数据采集有多个渠道，如互联网、社交媒体平台、物联网设备等，采集的数据通常是非结构化的。为了使数据适用于后续的分析，必须进行清洗和预处理，将原始数据转化为结构化数据。数据存储和管理技术使海量数据能够高效存储并便于查询和检索。在这一过程中，数据处理框架如 Hadoop 和 Spark 发挥了至关重要的作用，它们提供了分布式计算能力，可以快速处理大规模数据集。

应用层是数据产业链的最终落脚点，涉及数据分析、人工智能、机器学习以及可视化等技术。在这一层，数据分析可以帮助企业在营销、供应链优化、客户关系管理等方面实现精准化运营。例如，通过数据分析，零售企业可以预测消费者需求，调整库存策略，精准投放广告。此外，人工智能和机器学习技术也能基于数据分析结果进行自我优化，进一步提升企业的业务效率和市场响应能力。

11.4.3 政策支持

数据产业的快速发展离不开政策支持，尤其是在数据隐私保护、数据跨境流动、数据安全等方面，政策起到了至关重要的作用。随着数据成为一种关键的生产要素，各国政府及国际组织逐步出台了一系列政策，推动数据产业的健康、合规发展。

数据隐私保护是数据产业发展的核心问题之一。随着大数据和人工智能技术的广泛应用，个人数据隐私保护成为全球关注的重点。欧盟于2018年实施的《通用数据保护条例》是目前全球范围内最为严格的数据隐私保护条例之一。该条例规定了个人数据的收集、存储、使用和转移的具体要求，企业必须获得用户同意才能收集和使用个人数据，并且需要在数据泄露时迅速通知用户。该条例的实施不仅加强了对个人隐私的保护，也推动了全球范围内的隐私保护标准化，为数据产业提供了合规框架。

中国政府同样非常重视数据保护和监管，出台了《中华人民共和国个人信息保护法》《中华人民共和国数据安全法》等，进一步规范了个人信息处理和数据安全管理。《中华人民共和国个人信息保护法》要求企业在收集个人信息时必须获得用户的明确同意，并限定了数据收集的范围和用途。《中华人民共和国数据安全法》则明确规定了数据的分类分级管理制度，要求加强对关键数据的保护，防止数据泄露和滥用。

与此同时，数据跨境流动问题在全球化的背景下尤为突出。随着跨国企业的运作，如何在全球范围内合法传输数据成为一项重要议题。欧盟和美国之间的"隐私盾"（Privacy Shield）协议便是为促进数据跨境流动所做的法律安排。然而，该协议在 2020 年被欧洲法院裁定无效，主要是因为它未能充分保护欧洲公民的隐私权。为了应对挑战，各国正在不断探索更为合理的数据跨境流动政策。

除了数据隐私保护和数据跨境流动外，数据安全也是国家和企业关注的重点。随着网络攻击和数据泄露事件的增多，全球范围内的法规逐步加强了对数据安全的监管。例如，《中华人民共和国网络安全法》要求网络运营者在数据存储、网络安全等方面承担更大的责任，特别是对关键信息基础设施的保护提出了更高要求。

11.4.4 未来发展趋势

随着信息技术的不断进步，数据产业已经成为推动全球经济增长的重要力量。大数据、人工智能、物联网和云计算等技术的飞速发展，预示着数据产业将在未来几年继续保持强劲增长，并展现出以下几个重要发展趋势。

（1）数据安全和隐私保护将成为重点关注领域

随着数据泄露和隐私侵犯事件的增多，数据安全和隐私保护形势日益严峻。未来，数据产业的相关法规和技术标准将愈加严格，全球范围内的数据安全和隐私保护法律将进一步推动企业对数据安全和隐私保护的重视。加密技术、区块链技术和分布式存储技术的应用，将增强数据的安全性和防篡改能力。此外，数据监管部门将进一步加强对数据处理和使用过程的监管，确保用户的隐私权得到尊重和保护。

（2）数据跨境流动是未来数据产业发展的重要方向

互联网的普及推动了数据跨境流动，但不同国家和地区的法律和政策差

异使数据跨境流动面临不少挑战。为了平衡数据跨境流动与隐私保护，国际合作和法律协调将变得更加紧迫。未来，数据跨境流动将逐步形成国际标准，企业需要适应不同国家和地区的合规要求，确保数据跨境流动的合法性。

（3）边缘计算普及是未来数据产业的重要发展趋势之一

随着5G网络的普及和物联网设备的激增，数据的产生和处理将变得更加分散，边缘计算将成为解决这一问题的关键技术。与传统的云计算不同，边缘计算减少了数据传输延迟，并有效减轻了网络带宽压力。边缘计算将广泛应用于自动驾驶、智慧城市、智能制造等领域，推动实时数据处理和即时决策。

（4）满足公共数据标注需求、推动产业链上下游深度融合已成为刚需

数据标注产业是一个对数据进行筛选、清洗、分类、注释、标记及质量检验等的新兴产业。培育和壮大数据标注产业，不仅能提升数据供给质量，还能为人工智能创新发展提供重要支撑。北京市社会科学院副研究员王鹏表示，随着人工智能技术的迅猛发展，数据标注产业作为人工智能训练和应用的核心环节，正迎来前所未有的发展机遇。然而，相关行业仍面临标准缺失、标注质量参差不齐、技术与人力资源需求不匹配等问题，严重制约行业健康发展。《关于促进数据标注产业高质量发展的实施意见》[①]为数据标注产业高质量发展提供了系统性规划和明确指导。

总的来说，数据产业未来将呈现智能化、安全化、跨境化和多元化的发展趋势。随着技术的不断进步和数据需求的日益增长，数据产业将继续引领数字经济的发展，为全球各行各业提供更加精准、高效的解决方案。

拓展阅读

数据驱动智能制造

——汽车制造企业的数字化转型

随着全球制造业的数字化转型不断深入，知名汽车制造企业通过引入大数据、人工智能和物联网技术，成功实现了从传统制造向智能制造的转型。这些企业通过数据驱动的生产方式，显著提升了生产效率、降低了成

---

① 2025年1月13日，国家发展改革委、国家数据局、财政部、人力资源和社会保障部发布《关于促进数据标注产业高质量发展的实施意见》。

本并增强了市场竞争力。

小米汽车超级工厂

小米汽车位于北京亦庄的超级工厂占地面积为 71.8 万平方米，采用了高度自动化的生产线。工厂的压铸车间通过闭环温控设备集群实现 72 个零部件的一次压铸成型，整个过程仅需约 100 秒。这一自研闭环温控设备集群确保了产品质量的稳定性。车身车间的 8 台自动装配机器人协作完成车门安装，精度达到 0.5 毫米以内，超越了豪华汽车品牌的极窄车身间隙精度。工厂的关键工艺实现 100% 自动化，引入了超过 700 个机器人，车身车间综合自动化率高达 91%，并支持黑灯生产（无须人工干预的全自动化生产）。这些技术亮点不仅提高了生产效率，还确保了产品质量的稳定性，为小米汽车的快速交付提供了有力支持。

吉利汽车星睿智算中心

吉利汽车通过建设星睿智算中心，打造了智能仿真平台，支持整车仿真业务，加速了研发过程，优化了产品结构与性能，降低了设计和制造成本，提升了市场竞争力。通过算力优势，吉利实现了智能化转型，不仅加速了研发周期，还提升了产品设计精度。

东风汽车 AI 创新应用

东风汽车在 AI 创新应用方面取得了多项突破，包括智算资源管理、图像数据自动标注、智能座舱感知和汽车造型设计。东风擎天 AI 智算管理调度平台支持千卡级规模的智能计算，显著提升了公司整体运营效率。此外，东风汽车还推出了基于视觉大模型的图像数据自动标注系统，准确率高达 99%，大幅降低了人工标注的需求。这些技术亮点不仅提升了公司的整体运营效率，还优化了产品设计和用户体验，提高了数据标注效率，提升了驾驶的安全性和舒适性。

上汽集团数字化工厂改造

上汽集团通过数字化工厂改造，实现了从传统制造向智能制造的转型。集团引入了 Tecnomatix 平台，完成了数字化工艺规划、生产线布局优化、机器人离线编程等任务，提升了生产灵活性，提高了生产效率。

长城汽车 DeepSeek 大模型应用

长城汽车在智能座舱领域与 DeepSeek 大模型深度融合，推出了 Coffee-Agent 智能座舱系统。该系统通过 DeepSeek-R1 模型的接入，提升了座舱交互体验，并实现了更高效的语音交互和场景理解。长城汽车还计划通过 OTA 更新，逐步推广 DeepSeek 大模型的应用。这些技术亮点不仅提升了座舱交互体验，还实现了功能的持续迭代，增强了语音交互和场景理解能力。

以上案例展示了汽车制造企业在智能制造和数字化转型中的多样化实践，涵盖了从生产线自动化到 AI 技术应用的多个领域。通过引入先进的技术和管理方法，这些企业不仅提高了生产效率和产品质量，还优化了用户体验。这些实践为其他企业提供了宝贵的经验。

（资料来源：《北京日报》2023 年 5 月 24 日）

本章思考题

1. 数据产业的核心要素是什么？

2. 数据产品在数字经济中的作用有哪些？

3. 如何理解数据资源与数据资产之间的关系？

4. 数据产业如何支持传统行业的智能化转型？请举例说明数据产业在不同行业中的应用。

12 可信数据空间与数据服务

在数字经济蓬勃发展的当下，数据作为关键生产要素，驱动着各行业创新与转型，跨组织协作及多领域融合对数据流通共享的需求剧增。然而，数据泄露事件频发，隐私保护法规趋严，数据安全与隐私问题凸显。与此同时，云计算、区块链、隐私计算等新兴技术不断成熟，为可信数据空间与数据服务提供技术支撑，但也面临技术融合创新的挑战。此外，市场竞争激烈，行业规范尚未完善，在此背景下，深入研究可信数据空间与数据服务，以应对机遇与挑战，实现数据的安全、高效流通与价值挖掘成为当务之急。

12.1 可信数据空间概述

12.1.1 可信数据空间的内涵

数字经济作为继农业经济和工业经济之后的新经济形态，源于互联网、大数据和人工智能等新一代信息技术的高速发展和深度应用，当前正处于成形期，其主要特征之一是数据成为新的生产要素并衍生出数据产业新业态。在此背景下，国家数据局发布《可信数据空间发展行动计划（2024—2028 年）》（以下简称《行动计划》），这是国家层面首次针对可信数据空间这一新型数据基础设施进行前瞻性的系统布局。《行动计划》指出，"可信数据空间是指基于共识规则，联接多方主体，实现数据资源共享共用的一种数据流通利用基础设施，是数据要素价值共创的应用生态，是支撑构建全国一体化数据市场的重要载体"[①]。

[①] 《国家数据局关于印发〈可信数据空间发展行动计划（2024—2028 年）〉的通知》，中国政府网，2024 年 11 月 21 日，https://www.gov.cn/zhengce/zhengceku/202411/content_6996363.htm。

当前，数据要素的流通效率低、成本高，安全可控性比较差。如果利用规则和技术打造一种"靠谱"的基础设施，让更多主体进入"空间"，一起创造更多数据服务、数据产品，就能实现数据增值。这是可信数据空间要实现的目标。"传统意义上的基础设施，如通信、计算等，往往是高度标准化的，先建设再推动应用创新，但可信数据空间是以应用为导向的，每个空间的参与主体和应用模式各不相同，技术方案要根据实际需求'量体裁衣'。因此可信数据空间更是一种数据应用生态。"①

未来，随着可信数据空间的建设和发展，各个空间之间将实现互联互通，在更大范围内建立起一套数据资源流通利用的技术体系。从这个角度理解，可信数据空间也具备数据基础设施的属性。

12.1.2 可信数据空间的类型

根据应用场景和领域的不同，可信数据空间可以分为5种类型：企业可信数据空间、行业可信数据空间、城市可信数据空间、个人可信数据空间和跨境可信数据空间。这5种可信数据空间的构建，将为数据要素流通和创新应用提供坚实的基础，提升我国在全球数字经济中的竞争力。

企业可信数据空间主要围绕企业自身的数据资源建立一个安全、可控的数据流通和管理体系。这一空间将帮助企业提升数据治理能力，确保企业数据的合法性、安全性和透明度。在企业可信数据空间中，企业可以通过合规的方式分享和交换数据，同时通过技术创新释放数据的潜力，推动数字化转型，提升运营效率，推动产品创新。

行业可信数据空间的建设将进一步推动行业间的数据融合与共享。通过构建行业数据流通平台，促进不同企业、组织和部门之间的数据交互和协作。行业可信数据空间能够帮助各类企业高效获取行业相关数据，提升行业整体的创新能力和市场竞争力。例如，制造业、金融业、零售业等行业通过共享行业数据，在供应链管理、风险控制等方面实现协同，提升行业整体效率；政府可以通过行业可信数据空间加强行业监管和政策制定，

---

① 新华社：《建设100个以上可信数据空间》，《财经界》2024年第34期。

推动行业高质量发展。

城市可信数据空间的建设是智慧城市发展的核心组成部分。通过这一数据空间，政府可以整合城市管理、公共服务、交通运输、医疗、环保等领域的数据，提供更加智能、便捷的公共服务。同时，企业可以基于城市数据平台提供精准的商业服务，推动数字化、智能化的城市管理。城市可信数据空间不仅能促进公共数据和企业数据的融合应用，还能推动城市治理智能化，提升城市居民的生活质量。例如，利用城市可信数据空间进行智能交通调度、公共健康管理、应急响应等，大大提高城市运行效率，提升政府和市民之间的互动水平。

个人可信数据空间的建设旨在保障个人数据的隐私和安全，同时为用户提供数据流通和共享的自主权。在这一数据空间内，个人能够管理自己的数据，并决定哪些数据可以与第三方共享，在实现个性化服务的同时保护个人权益。随着互联网和物联网设备的普及，个人数据数量日益增长。通过建立个人可信数据空间，用户能够更好地掌控自己的数据，享受定制化的服务，如智能健康管理、个性化教育、精准医疗等，同时防范数据泄露和滥用风险。

跨境可信数据空间的建设是推动数据跨境流动和国际合作的关键。随着全球化发展，数据跨境流动已经成为数字经济的重要组成部分。跨境可信数据空间将为不同国家和地区之间的数据交换提供合规、安全的解决方案，降低数据跨境流动的合规风险。通过建立数据跨境流动机制，企业可以更高效地开展全球业务，实现数据在全球范围内的共享与应用。例如，国际电商平台可以通过跨境可信数据空间分析全球消费者的需求，优化库存管理和营销策略，提升全球供应链的效率和精确度。

12.1.3 可信数据空间的参与方

可信数据空间包括 5 类参与方：可信数据空间运营方、数据提供方、数据使用方、数据服务方和可信数据空间监管方。他们共同打造规则清晰、技术可信、供需活跃、服务创新的生态体系，最终确保空间具备可信管控、资源交互和价值共创的能力。

可信数据空间运营方：负责可信数据空间的日常运营和管理，制定并

执行运营规则与管理规范，促进参与各方共建、共享、共用可信数据空间，保障可信数据空间的稳定运行与安全合规。可信数据空间运营方可以是独立的第三方（如行业协会、平台型企业等），也可以是数据提供方、数据服务方等。

数据提供方：在可信数据空间中提供数据资源的主体，有权决定其他参与方对数据的访问、共享和使用权限，并有权在数据创造价值后根据约定分享相应权益。

数据使用方：在可信数据空间中使用数据资源的主体，依据与可信数据空间运营方、数据提供方等签订的协议使用数据资源。

数据服务方：在可信数据空间中提供各类数据服务的主体，包括数据开发、数据中介、数据托管等类型，提供数据开发应用、供需撮合、托管运营等服务。

可信数据空间监管方：履行可信数据空间监管责任的政府主管部门或授权监管的第三方主体，负责对可信数据空间的各项活动进行指导、监督和规范，确保可信数据空间运营的合规性。

12.1.4　可信数据空间的关键技术

可信数据空间的关键技术主要包括以下几类，其图谱如图 12-1 所示。

数据资产控制技术：在数据流通交易中，数据资产控制技术对数据资产及个人隐私、企业秘密进行保护，支撑数据所有权、管理权、使用权分离。

数据资产管理技术：数据资产管理技术可以实现对数据从产生到销毁的全过程管理，保障内外部数据使用和交换的一致性、准确性、可靠性。数据资产管理技术能够实现元数据管理、标识解析、数据安全风险研判。

供需对接技术：供需对接技术是发现数据及确保数据流动的基础，主要包括数据确权、数据目录、数据血缘和区块链技术。供需对接技术能够确定数据权益主体和数据权益属性，用户可以借助数据目录快速检索所需数据。

身份认证技术：主要包括密码算法、多因素认证和数字证书认证。身份认证技术通过对称加密算法对数据进行加密，强化数据机密性保护；通

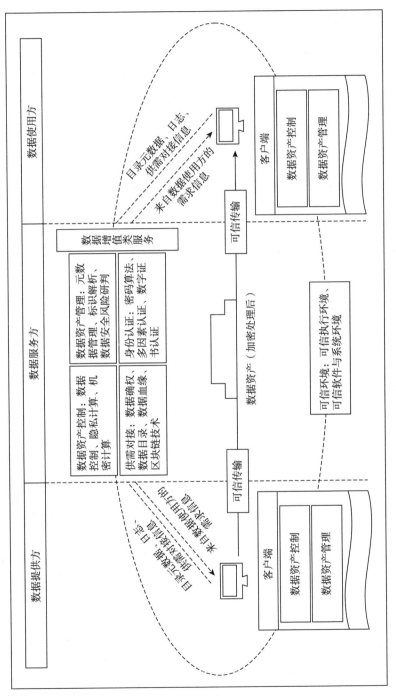

图 12－1　可信数据空间关键技术图谱

资料来源：杨云龙、张亮、杨旭蕾：《可信数据空间助力数据要素高效流通》，《邮电设计技术》2024年第2期。

过散列算法对数据进行完整性校验，防止数据篡改；将公钥签名验证与散列算法相结合，解决不可否认性问题。

可信环境技术：主要包括可信执行环境、可信软件与系统环境。可信环境技术在传输、存储、使用过程中将数据与外部环境隔离，以提供安全的数据传输与使用环境。可信环境技术通过在两端部署 VPN 设备，解决传输安全问题，同时可实现网络地址转换。

12.2 可信数据空间功能架构分析

可信数据空间功能架构主要涉及数据提供方、数据服务方和数据使用方，具体如图 12-2 所示。

12.2.1 主体及相关内容

数据提供方：拥有数据资产，这些数据资产经过加密处理后在可信环境中流转，并通过客户端与整个系统交互。客户端包含数据服务和用户服务，并且配备了数据资产主动管理系统。数据提供方向数据服务方提供目录元数据、日志、供需对接信息。

数据服务方：处于数据提供方和数据使用方之间，起到桥梁和服务支持的作用。提供多种服务，包括合规检测类服务、数据交易类服务、数据增值类服务以及 IT 基础设施服务，这些服务确保数据在流转过程中符合相关法规和标准，促进数据的交易和增值，同时保障基础设施的稳定运行。

数据使用方：同样通过客户端与系统交互，接收来自数据提供方的目录元数据、日志、供需对接信息，最终获取经过加密处理的数据资产，并在可信环境中使用。

12.2.2 数据流转与交互

数据资产流转：数据资产通过数据提供方加密处理后，在可信环境中流向数据使用方，确保数据在传输过程中的安全性和隐私性。

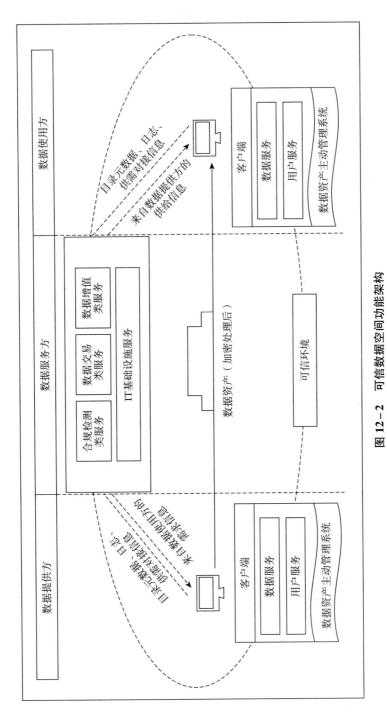

图 12-2 可信数据空间功能架构

资料来源：杨云龙、张亮、杨旭蕾：《可信数据空间助力数据要素高效流通》，《邮电设计技术》2024年第2期。

信息交互：数据提供方和数据使用方通过数据服务方进行信息交互，包括目录元数据、日志、供需对接信息等，这些信息的交互有助于双方更好地了解数据，促进数据的有效利用。

12.2.3 可信环境与管理系统

可信环境：整个数据流转和交互过程都在可信环境中进行，这为数据安全提供了保障，确保数据不会被非法获取或篡改。

数据资产主动管理系统：数据提供方和数据使用方都配备了该系统，用于对数据资产进行主动管理，包括数据的存储、处理、传输等环节，以提高数据管理的效率和安全性。

可信数据空间通过技术手段，有效解决数据提供方、数据服务方、数据使用方等不同主体间的安全与信任问题，形成助力制度与市场构建、数据要素价值释放的有效支点。如图12-3所示，可信数据空间主要包括客户端和中间服务平台。客户端主要解决数据全生命周期可用可信的问题，中间服务平台主要解决数据流通交易和收益分配等方面的问题。

可信数据空间客户端作为对数据进行管理和保护的主体，主要提供用户服务与数据服务。

用户服务：具有用户登录管理、数据发布与资源检索、电子合约协商与生成、清算和审计服务申请等功能。

数据服务：具有数据资产管理、数据资产控制、可信传输以及数据增值类服务等功能。

中间服务平台作为服务门户，提供数据合规服务、数据共享服务、数据价值服务和IT基础设施服务。

数据合规服务：提供身份认证、证据存证、政府监管、仲裁服务、密钥服务和检测服务等。

数据共享服务：建立数据目录，提供供需对接、清算服务、审计服务等。

数据价值服务：提供数据标识、数据模型、算法服务和App服务等。

IT基础设施服务：提供安全服务、传输服务。

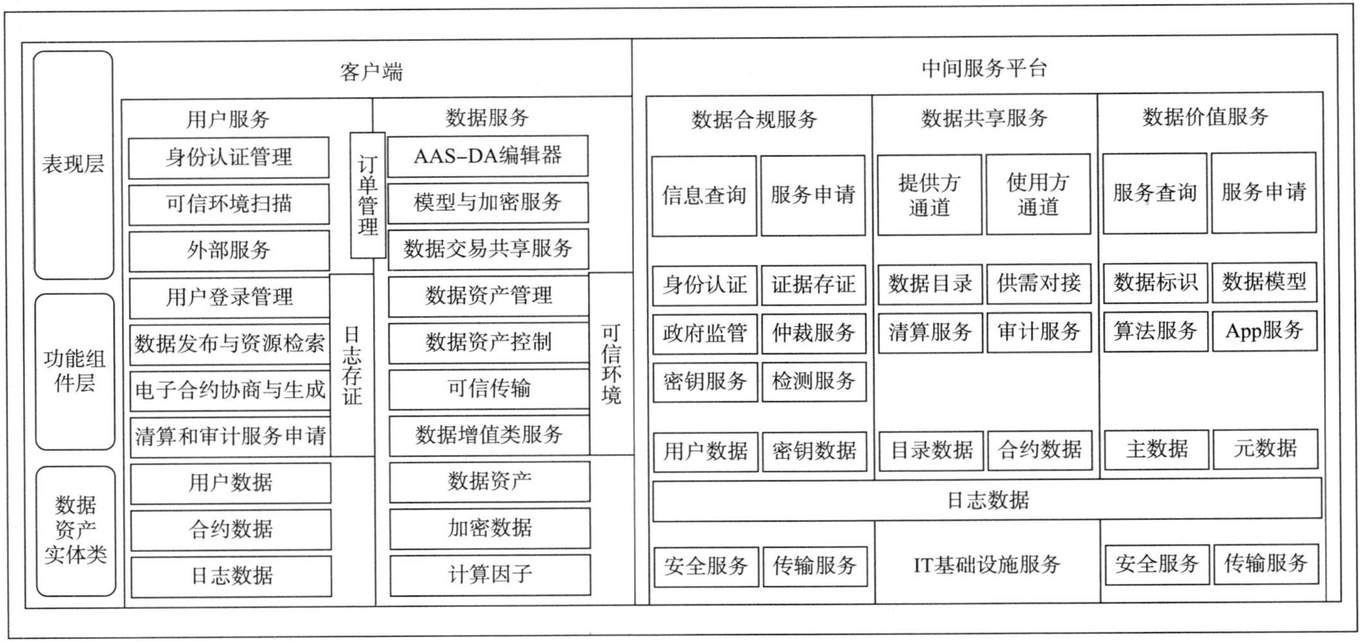

图 12-3　可信数据空间架构

资料来源：杨云龙、张亮、杨旭蕾：《可信数据空间助力数据要素高效流通》，《邮电设计技术》2024年第2期。

12.3　数据服务概述

12.3.1　数据服务的定义

数据服务是指通过一系列技术手段和流程，对数据进行收集、整理、存储、分析、管理和共享等一系列操作，从而为用户提供有价值的信息和决策支持。数据服务在数字化时代扮演着至关重要的角色，广泛应用于各个行业和领域。

数据服务一般涉及数据收集、数据储存、数据处理与清洗、数据分析、数据可视化、数据共享与分发、数据安全与合规等方面。数据服务必须确保数据的安全性和合规性。这包括应用数据加密、访问控制、数据备份与恢复等技术，以及遵守相关法律法规（如《中华人民共和国数据安全法》《中华人民共和国个人信息保护法》）。例如，医疗数据涉及个人隐私，必须严格加密和授权访问。

12.3.2　数据服务的组成要素

数据服务由多个关键要素组成，各要素相互协作，共同为用户提供有力的支持。

（1）数据资源

原始数据：数据服务的基础，来源于各种内外部渠道。内部渠道涉及企业业务系统产生的交易记录、用户行为日志；外部渠道涉及第三方数据提供商售卖的行业数据、社交媒体公开数据等。这些原始数据包含了丰富但未经整理的信息，为后续深入挖掘数据价值奠定基础。

加工处理后的数据：由原始数据经过清洗、转换、集成等处理后形成。清洗是去除重复、错误或不完整的数据；转换是对数据格式、编码等进行统一；集成则将多个来源的数据整合。例如，将不同地区的销售数据按统一格式整理，并汇总成一个综合数据集，为分析提供更坚实的数据基础。

（2）技术能力

数据采集技术：从网页、文件系统、数据库、物联网设备等采集数据。如使用网络爬虫技术从网页获取公开信息，利用传感器技术实时采集设备运行数据。高效准确的数据采集是获取数据的第一步，决定了数据的丰富性和及时性。

数据存储技术：根据数据类型和规模选择合适的存储方式。结构化数据常用关系型数据库存储，如 Oracle、MySQL；非结构化数据采用分布式文件系统（如 Ceph）或非关系型数据库（如 MongoDB）存储；数据仓库（如 Greenplum）用于存储集成的历史数据，支持数据分析。恰当的数据存储确保数据安全且便于后续访问和处理。

数据处理与分析技术：对海量数据进行计算和分析。批处理框架（如 Hadoop MapReduce）处理大规模静态数据；流处理框架（如 Apache Flink）实时处理源源不断的数据流；机器学习算法（如回归分析、聚类分析）用于预测趋势、发现模式。这些技术挖掘数据潜在价值，为决策提供依据。

数据安全技术：保障数据在各个环节的安全性。加密技术防止数据在传输和存储中被窃取或篡改；访问控制技术确保只有授权用户能访问特定数据；数据备份与恢复技术应对数据丢失或损坏问题，确保数据可用性。

（3）专业人员

数据架构师：规划数据服务的整体架构，根据业务需求设计数据存储、处理和流动方案，确保系统可扩展性、性能和数据一致性。例如，设计大数据平台架构，满足企业未来几年的数据增长需求。

数据工程师：负责搭建数据管道，实现数据采集、清洗、转换和加载流程自动化，构建和维护数据处理基础设施。如开发 ETL 作业，将不同来源的数据抽取到数据仓库。

数据分析师：运用统计方法和分析工具探索性分析数据，发现数据中的规律、问题和趋势，以报表、可视化形式呈现结果，为业务决策提供支持。例如，分析销售数据，制作销售趋势报表。

数据科学家：具备高级统计和机器学习知识，解决复杂数据分析问题。构建预测模型，进行数据挖掘，为业务提供创新性解决方案。如建立客户流失预测模型，帮助企业提前采取措施保留客户。

（4）服务流程

需求分析：与客户沟通，了解其业务目标和数据需求，明确数据服务要解决的问题。例如，营销部门希望通过数据服务精准定位潜在客户，数据团队需明确具体需求细节。

方案设计：依据需求分析结果设计数据服务方案，包括选择合适的技术工具、确定数据处理流程、规划数据存储结构等。例如，针对精准营销需求，设计基于用户画像的数据挖掘方案。

开发与部署：数据工程师按照设计方案进行数据采集、处理和分析系统开发，完成后部署到生产环境。例如，搭建大数据分析平台，并部署相关应用程序。

运维与优化：持续监控数据服务运行状态，及时处理故障和性能问题。根据业务需求和数据变化，优化数据处理流程、算法模型，提升服务质量。例如，优化数据库查询功能，提高数据分析效率。

（5）服务接口

API：数据服务向外提供功能的重要方式。通过 API，外部应用系统可方便地调用数据服务，实现数据交互和功能集成。例如，地图服务提供商通过 API 为其他应用提供地图数据和位置服务。

可视化界面：为非技术用户提供直观操作界面，方便其查询数据、生成报表、进行可视化分析。例如，企业内部的数据可视化平台，业务人员可通过简单操作获取所需数据信息。

根据数据服务的组成要素，可确定数据服务架构的流程和组件关系，具体如图 12-4 所示。左侧是与外部交互的部分，包括 API 市场、应用服务和软件开发工具包（SDK）；中间是数据服务相关的核心组件和流程；右侧是数据源部分。

左侧部分具体分析如下。

API 市场：一个提供各种 API 的平台，与 API 网关双向交互，既可以向 API 网关提供 API，也可以从 API 网关获取某些信息或反馈。

应用服务：与 API 网关双向交互，可以通过 API 网关来调用数据服务提供的各种功能和数据。

SDK：直接与数据服务交互，SDK 通过为开发者提供便捷的方式来集成和使用数据服务，无须与 API 网关进行交互。

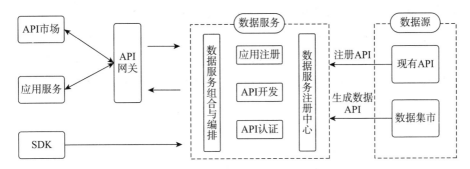

图 12-4　数据服务架构的流程和组件关系

资料来源：笔者自制。

中间部分具体分析如下。

API 网关：整个架构的入口点，起到统一接入和管理的作用。它接收来自 API 市场、应用服务的请求，并将这些请求传输到数据服务的相应组件进行处理，同时将处理结果返回给请求方。

数据服务组合与编排：负责将多个数据服务或 API 进行组合和编排，以满足更复杂的业务需求。例如，一个业务流程可能需要调用多个不同的数据处理服务，这个组件就负责将这些服务按照一定的逻辑和顺序进行组合和调度。

应用注册：用于注册和管理使用数据服务的应用程序，记录应用的相关信息，以便进行权限管理、统计分析等。

API 开发：数据服务的开发环节，在这里开发新的 API，以满足不断变化的业务需求，推动数据服务的扩展。

API 认证：确保只有经过认证的请求才能访问数据服务，保障数据的安全性和服务的可靠性。

数据服务注册中心：整个数据服务架构的核心管理组件，它记录了所有数据服务和 API 的相关信息，包括服务的地址、接口定义、版本等，方便其他组件进行查找和调用。

右侧部分具体分析如下。

现有 API：可以通过注册 API 的方式接入数据服务，使其能够被数据服务组合与编排等组件使用。

数据集市：经过整合和处理的数据源能够生成数据 API，这些数据

API 可以被注册到数据服务中心，进而被数据服务组合与编排等组件调用，为上层应用提供数据支持。

图 12-4 展示了一个较为完整的数据服务生态系统，各个组件各司其职、相互协作，实现了数据服务的开发、管理、调用和安全保障等功能，能够为企业或组织提供高效、可靠的数据服务支持。

12.3.3 数据服务的类型

数据服务的类型主要有数据采集服务、数据存储服务、数据处理服务、数据共享与交换服务和数据安全与隐私保护服务。

（1）数据采集服务

数据采集服务是指利用各种技术手段和工具，从不同的数据源收集数据，并将其转化为可用于进一步处理、分析和应用的数据。数据源可以是内部系统（如企业的业务数据库、日志文件），也可以是外部渠道（如互联网、传感器网络、第三方数据提供商）。例如，电商平台借助网络爬虫技术采集竞争对手网站上的商品价格、促销活动等信息；气象部门通过分布在各地的气象传感器收集温度、湿度、风速等实时气象数据。

（2）数据存储服务

数据存储服务是为用户提供数据持久化保存及管理的服务，确保数据在需要时可被快速、准确地访问与检索。它涉及选择合适的存储介质（如硬盘、闪存）、存储架构（如直接附加存储、网络附加存储、存储区域网络）以及数据管理策略（如数据组织、索引、备份恢复），以保障数据的安全性、可靠性与可用性。例如，企业使用云存储服务存储大量的业务数据、文件资料等；银行采用专业的存储设备和数据库系统，安全存储客户的账户信息、交易记录等关键数据。

（3）数据处理服务

数据处理服务是指对采集并存储的数据进行转换、清洗、分析、建模等操作，以提取有价值的信息和知识。通过运用各种算法、工具和技术，将原始数据转化为可用于支持决策、优化流程、预测趋势等的有用信息，挖掘数据背后的潜在价值。例如，互联网公司利用数据分析工具和机器学习算法，对用户的行为数据（如浏览记录、购买历史）进行分析，构建用户画像，用于精准营销和个性化推荐；制造企业通过对生产设备运行数据的处理，实现生产流程优化、故障预测与设备维护。

（4）数据共享与交换服务

数据共享与交换服务致力于搭建不同组织、系统或应用之间的数据流通桥梁，使数据能够安全、高效地共享与交换。它涵盖制定统一的数据标准与规范、建立数据共享平台或接口以及实施数据访问控制与权限管理等措施，确保数据在合法、合规且安全的前提下在各方之间顺畅流通与交互，从而发挥数据的更大价值。例如，政府部门之间通过政务数据共享平台，共享人口信息、企业登记信息等，以提升政务服务效率，实现业务协同办理；不同医疗机构之间通过医疗数据交换平台，共享患者的病历、检查报告等信息，方便患者异地就医和远程会诊。

（5）数据安全与隐私保护服务

数据安全与隐私保护服务旨在运用一系列技术、策略和管理措施，确保数据在整个生命周期（从采集、存储、处理到共享交换）的保密性、完整性和可用性，同时保护个人隐私和企业敏感信息不被泄露、篡改或滥用。这包括数据加密、访问控制、身份认证、数据脱敏、安全审计等多种手段，以应对各种潜在的数据安全威胁和隐私风险。例如，金融机构对客户的银行卡号、密码等敏感信息进行加密存储，并通过严格的身份认证和访问控制机制，确保只有授权人员能够访问相关数据；互联网企业在使用用户数据进行分析和应用时，采用数据脱敏技术，对用户的个人身份信息（如姓名、身份证号）进行变形处理，保护用户隐私。

12.4　可信数据空间与数据服务的关系

可信数据空间与数据服务紧密相连、相互影响，共同推动数据的有效利用和价值实现。以下从多个方面阐述它们的关系。

12.4.1　可信数据空间为数据服务提供保障

（1）安全保障

数据安全：可信数据空间运用加密技术，对存储和传输的数据进行加

密，确保数据在整个生命周期的保密性，防止数据被窃取或篡改。例如，采用同态加密技术，使数据在加密状态下仍能进行计算和处理，从而在保护数据隐私的同时满足数据服务对数据处理的需求。

访问控制：通过严格的身份认证和权限管理机制，确保只有经过授权的主体才能访问特定的数据资源。在企业数据服务场景中，不同部门的员工根据工作职能被授予不同的数据访问权限，防止数据泄露，保障数据服务在安全的环境下提供。

（2）质量保障

数据清洗与校验：可信数据空间会对进入其中的数据进行清洗，去除重复、错误或不完整的数据并进行校验，确保数据的准确性和完整性。例如，对用于金融风险评估的数据服务，只有准确、完整的数据才能保证风险评估结果的可靠性，可信数据空间的数据质量保障机制为此提供了有力支持。

数据标准统一：制定并遵循统一的数据标准，使不同来源的数据在格式、编码等方面保持一致。例如，在医疗数据服务中，不同医院的数据通过可信数据空间进行统一，便于整合与分析，为医学研究和临床决策提供有力的数据支持。

（3）可信保障

数据溯源：可信数据空间具备数据溯源能力，详细记录数据的来源、采集时间、处理过程等信息。这对于数据服务至关重要，如在司法领域的数据服务中，可通过数据溯源确保证据的真实性，为司法决策提供可靠依据。

不可篡改：利用区块链等技术实现数据的不可篡改，保证数据的真实性和完整性。例如，在政务数据服务中，不可篡改的特性确保了政府决策依据的数据准确无误，增强了政府公信力。

12.4.2 数据服务依托可信数据空间实现价值

（1）数据服务的基础支撑

数据来源：可信数据空间为数据服务提供经过筛选、清洗和标准化的高质量数据，成为数据服务的可靠数据源。例如，大数据分析服务依赖可信数据空间提供的多维度、准确的数据进行深入的数据分析和挖掘，为企业决策提供有价值的洞察。

数据环境：可信数据空间营造的安全、可信的数据环境，让数据服务能够放心地对数据进行处理和分析，无须担忧数据安全和质量问题。例如，机器学习模型可利用可信数据空间中大量高质量数据进行训练，提高准确性和可靠性。

（2）数据服务的拓展与创新

新型数据服务模式：可信数据空间的出现催生了新型数据服务模式，如联邦学习。在联邦学习中，各参与方的数据保留在本地，通过可信数据空间的安全机制进行模型训练数据的交互，既保护了数据隐私，又实现了多方数据的联合建模，为跨机构的数据服务提供了可能。

数据服务应用场景拓展：可信数据空间的数据安全和可信特性，使数据服务能够拓展到更多对数据安全和隐私要求较高的领域，如医疗、金融、政务等。例如，在金融领域，在可信数据空间支持下的数据服务可以实现跨机构的征信数据共享与分析，为金融机构提供更全面的风险评估服务。

12.5　可信数据空间与数据服务面临的机遇与挑战

12.5.1　面临的机遇

在政策支持方面，国家数据局印发的《行动计划》提出，到 2028 年建成 100 个以上可信数据空间，这为可信数据空间与数据服务的发展提供了明确的政策方向和有力的支持，包括统筹利用各类财政资金，加大对可信数据空间制度建设、关键技术攻关等方面的资金支持力度。

在数据要素市场需求增长方面，随着数字经济的发展，数据已成为重要的生产要素。可信数据空间作为数据要素流通基础设施，能够有效解决数据要素流通中的安全、隐私和信任问题，促进数据要素的市场化配置与高效流通，释放数据要素的价值，满足数据要素市场不断增长的需求。

在技术创新方面，云计算、大数据、人工智能、区块链、隐私计算等信息技术的不断发展和成熟，为可信数据空间与数据服务的建设和运营提供了强大的技术支撑。例如，区块链技术可以实现数据的可信存储和共享，隐私计算技术可以在保护数据隐私的前提下进行数据的计算和分析。

在产业生态发展方面，可信数据空间的建设将带动数据产业链上下游企业的发展，形成包括数据提供方、数据使用方、数据服务方、可信数据空间运营方、可信数据空间监管方等在内的产业生态。围绕各类可信数据空间的建设和运营，促进链主企业、平台企业、数据应用企业等扩大数据产品生产和应用规模，带动数据产业发展壮大。

在跨行业应用场景方面，可信数据空间可以为不同行业提供数据共享和协作平台，促进跨行业的数据融合和创新。例如，在医疗健康领域，可信数据空间可以实现医疗机构、药企、保险公司之间的数据共享，推动医疗大数据的应用和创新；在金融领域，可信数据空间可以加强金融机构之间的数据合作，提高风险防控能力和金融服务效率。

12.5.2　面临的挑战

技术标准和规范尚不完善。目前，可信数据空间与数据服务领域的技术标准和规范还不够完善，不同的企业和机构在数据的采集、存储、管理、分析和共享等方面存在差异，这给数据的互联互通和互认互信带来了困难。

数据安全和隐私保护压力大。可信数据空间涉及大量的敏感数据，如个人隐私数据、企业商业机密数据等，数据安全和隐私保护是可信数据空间发展面临的关键问题。在数据的采集、存储、传输、使用和共享等过程中，需要采取有效的技术手段和管理措施，确保数据的安全性和隐私性。

数据质量和价值评估困难。数据质量和价值评估是数据服务的重要环节，但目前还缺乏统一的标准和方法。不同的数据，质量和价值存在差异，如何对数据进行准确的质量评估和价值量化，是一个需要解决的难题。

运营和管理模式不成熟。可信数据空间的运营和管理涉及多方主体，包括数据提供方、数据使用方、数据服务方、可信数据空间运营方、可信数据空间监管方等，各方之间的利益协调和责任划分是一个复杂的问题。目前，可信数据空间的运营和管理模式还不够成熟，需要进一步探索和完善。

人才短缺。可信数据空间与数据服务是一个新兴的领域，涉及多个学科的知识和技能，如计算机科学、数学、统计学、密码学、法学等，需要大量的高素质人才。然而，目前该领域的人才相对短缺，这制约了可信数据空间与数据服务的发展。

拓展阅读

我国首个智能制造领域可信数据空间

2023年3月17日，长虹控股、深圳数据交易所与数鑫科技签署合作框架协议，长虹控股加入"国际数据空间创新实验室"，共同推动工业数据标准规范与商业模式的建立，建设产业数据要素确权授权流通交易设施，构建可信流通体系，为培育全国数据要素市场积累经验。

由长虹控股、深圳数据交易所、数鑫科技达成的国内首次场内可信数据空间业务合作，以自主可控的可信数据空间架构为基础，融合区块链等先进技术，结合消费电子行业数据流通特点、场景及法规，实现质量数据可信流通与共享，有效解决数据协同、监控及溯源等安全管控问题。

该案例将构建数据安全流转通道，建立动态在线协商和审批机制，实现字段级的数据访问控制和可信共享，确保数据"可用不可见"；结合区块链技术，有效保障分布式数据交换过程的可靠性，跨域系统数据一致性校验时长缩短至秒级，促进工业系统数据同源；统一可配置的数据交换大幅降低了沟通和研发成本、接口开发成本、策略协商的人力和时间成本，为产业数据要素流通交易奠定基础，构建多方认可的可信数据通道，实现数据持有权和使用权分离，保障数据交易价值，优化产业数据要素交易生态环境。具体流程如图12-5所示。

（资料来源：山东省大数据研究会，2023年3月20日）

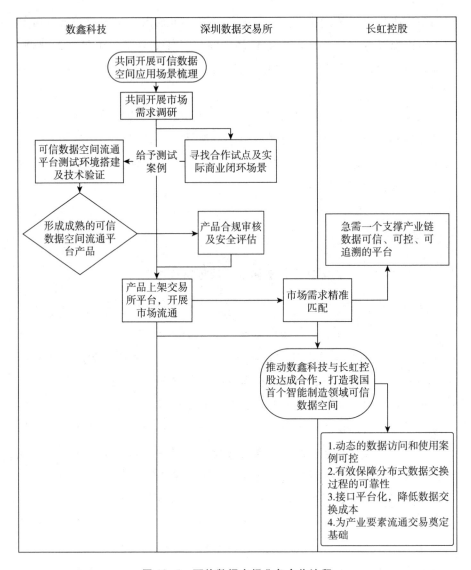

图 12-5 可信数据空间业务合作流程

本章思考题

1. 可信数据空间的 5 种类型中,个人可信数据空间对于普通用户而言最重要的功能是什么?

2. 可信数据空间建设面临哪些挑战?

3. 数据服务涉及的主要内容有哪些?

13 数据跨境流动

数据跨境流动是全球数字经济发展的重要组成部分，涉及不同国家和地区之间的数据传输、存储与处理。随着数字技术的进步，数据跨境流动的形式日益丰富，包括跨境电商、金融交易、社交媒体等多个领域，并受到经济、政策及技术等多重因素的影响。实现安全、高效的数据跨境流动，需要深入理解数据的治理逻辑、风险挑战及技术保障，以推动全球数字经济的可持续发展。

13.1 数据跨境流动的定义与范畴

13.1.1 数据跨境流动的定义

对于数据跨境流动的概念，国际上并未给出统一明确的定义，综合现如今学术界和社会对数据跨境流动的研究，主要有以下 2 类定义。

①数据跨越物理国界传输和操作。

②数据虽然没有跨越国界，但是可以被第三国的主体访问和使用①。

数据跨境流动指的是数据从一个国家流动到另一个国家②，最早提出数据跨境流动概念的是 1980 年经济合作与发展组织发布的《隐私保护和个人数据跨境流动指南》（*Guidelines Governing the Protection of Privacy and Trans-border Flows of Personal Data*）。那时候的数据跨境流动仅局限于个人

---

① 张莱楠：《数字主权背景下的全球跨境数据流动动向与对策》，《中国经贸导刊》2020 年第 18 期。

② 《前沿讲座：数字经济之跨境数据流动》，广东外语外贸大学网站，2018 年 3 月 31 日，https://sigi.gdufs.edu.cn/info/1068/1617.htm。

数据，随着技术的不断发展，现在的定义逐渐完善，涵盖领域逐渐扩大。数据跨境流动就是数据在不同国家和地区之间传输、存储、处理和利用的过程，涉及个人数据、企业数据、公共数据等多种类型。随着全球数字经济的发展，数据跨境流动的形式不断丰富，范围不断扩大，涵盖跨境电商、金融交易、社交媒体等多个领域。

在现代意义上，数据跨境流动是全球信息化进程的重要组成部分。20世纪末，随着互联网的普及和电子商务的兴起，数据跨境流动的需求日益增长。进入21世纪，云计算、社交媒体、物联网快速发展，使数据跨境流动的规模和速度大幅提升，形成了高度依赖数据跨境流动的全球数字经济体系。

数据跨境流动不仅是经济全球化的重要支撑，也是各国数字治理体系构建的核心议题之一。数据跨境流动既促进了国际贸易、科技合作和数字服务的发展，也带来了数据主权、隐私保护及网络安全等方面的挑战。

13.1.2　数据跨境流动的范畴

广义上讲，数据跨境流动不仅包括数字、文本、图像、视频、音频等的跨境传输，还涉及数据访问、处理、存储等多种方式。例如，国际企业通过云服务提供商在不同国家的数据中心存储数据，跨国金融机构共享客户交易数据，全球社交媒体平台同步用户信息，都是数据跨境流动的典型案例。

数据跨境流动与数字主权、隐私保护、网络安全等议题紧密相关。各国对数据跨境流动的管理模式不尽相同，一些国家提出严格的数据本地化要求，以确保数据安全；另一些国家则鼓励数据自由流动，以促进数字经济的发展。不同国家和地区间的政策差异使数据跨境流动成为当前国际数字经济治理中的重要议题。

在组织和企业层面，数据跨境流动需要遵循各国法规，并进行有效的风险管理。企业需要在数据合规、安全、效率之间找到平衡，以确保数据在跨境流动过程中不会因法律冲突、数据泄露或网络攻击而带来损失。同时，加密、去标识化、访问控制等也成为保障数据安全跨境流动的重要技术手段。

数据跨境流动不仅是全球数字经济的重要组成部分，也对国家政策、企业发展和个人隐私保护产生深远影响。深入理解数据跨境流动的定义与范畴，有助于各方在数据全球化发展过程中找到更加安全、高效、合规的应对策略。

13.2 数据跨境流动的驱动因素

数据跨境流动的加速发展受到多重因素的共同驱动，这些因素决定了数据如何在不同国家和地区之间流动。技术的进步、经济的全球化以及政策法规的制定，构成了数据跨境流动的主要推动力。不同的驱动因素在不同行业和应用场景中的影响各异，涉及互联网服务、跨境电商、金融科技、人工智能等多个领域。理解这些驱动因素，有助于更好地把握数据跨境流动的趋势，并制定相应的管理和合规策略。常见的驱动因素主要包括以下几种。

13.2.1 技术驱动

技术是数据跨境流动的基础和核心驱动力。随着技术的飞速发展，数据的生成、传输、存储和处理能力得到了前所未有的提升，为数据跨境流动提供了技术保障。从驱动数据跨境流动的关键技术来看，包括云计算、大数据、5G 网络和区块链 4 种，如表 13-1 所示。

表 13-1   数据跨境流动的技术驱动因素

技术	影响程度	作用
云计算	高	灵活的数据存储和访问
大数据	高	跨地域数据整合
5G 网络	中	加速实时数据传输
区块链	低	提高数据的安全性和透明度

资料来源：笔者自制。

云计算技术是驱动数据跨境流动的重要技术，可以将数据存储在远程服务器上，并通过互联网随时随地访问。这种灵活性能够轻松实现全球范围内的数据共享和协同。云计算技术的关键特点包括弹性扩展、全球覆

盖、无须担心硬件限制。

大数据技术是数据跨境流动的另一重要驱动力。随着数据量的"爆炸式"增长，企业需要跨地域整合和分析数据，以挖掘商业价值。大数据技术的关键特点包括数据整合、实时分析和预测。通过大数据技术，将分散在不同国家和地区的业务数据进行集中处理，帮助企业预测全球市场趋势、优化资源配置。

5G网络技术是驱动数据跨境流动的关键技术。5G网络高速、低延迟的特性为实时数据传输提供了强有力的支持。

区块链技术具有多中心化、共识可信、不可篡改、可追溯等特性，主要用于解决数据跨境流动过程中的信任和安全问题。

13.2.2 经济驱动

经济是数据跨境流动的重要推动力。全球经济的深入发展使企业需要在全球范围内进行资源配置和市场竞争，数据跨境流动成为企业运营的必然需求。经营驱动因素主要包括全球化供应链、跨国企业运营和数字经济，如表13-2所示。

表 13-2　数据跨境流动的经济驱动因素

因素	影响程度	作用
全球化供应链	高	实时共享供应链数据
跨国企业运营	高	支持全球业务决策
数字经济	中	促进数字贸易发展

资料来源：笔者自制。

全球化供应链是当今经济全球化背景下企业运营的重要模式，也是数据跨境流动的关键驱动力之一。在这一模式下，企业的生产和运营不再局限于单一地区，而是遍布全球。从原材料采购、产品生产到产品销售和售后服务，各个环节分布在不同国家和地区。

跨国企业运营涵盖了在多个国家开展业务的复杂活动，是数据跨境流动的另一重要驱动力。随着国际化程度的不断加深，跨国企业在全球各地设立子公司、分支机构和办事处，开展多样化的业务。

数字经济是基于数字技术发展起来的新型经济形态，数据是其核心生产要素。数字经济是驱动数据跨境流动的重要力量。在数字经济时代，数据的生成、传输和分析成为创新的源泉。企业通过对海量数据的挖掘和分析，深入了解市场需求、消费者行为和技术发展趋势，从而开发更具创新性的产品和服务。

13.2.3 政策驱动

政策在数据跨境流动中扮演着重要角色。各国政府和国际组织通过制定政策和法规，影响数据跨境流动的方向和规模。政策驱动因素主要包括限制性政策和促进性政策（见表 13-3）。

表 13-3 数据跨境流动的政策驱动因素

因素	国家层面	国际层面
限制性政策	数据本地化要求	隐私保护标准
促进性政策	国家内部政策	自由贸易协定

资料来源：笔者自制。

限制性政策：从国家层面来看，一些国家要求数据必须存储在境内，限制了数据的自由流动。这种政策的目的是确保数据的安全性和隐私保护，防止数据在境外被恶意利用，维护国家的网络安全和公共利益。从国际层面来看，企业需要确保数据在跨境传输过程中符合隐私保护标准，包括数据主体的同意、数据保护措施的落实等。相关标准的实施提高了数据跨境流动的合规成本，但也强化了数据主体对其个人信息的控制权，保护了个人隐私。

促进性政策：一些国家的内部政策和自由贸易协定中包含的数据跨境流动相关条款，促进了数据的自由流动。例如，《美墨加三国协议》包含了对数据跨境流动的明确规定，旨在减少数据跨境流动壁垒，推动数字经济的发展，促进经济合作。

政策驱动在数据跨境流动中起着关键作用，不同国家和国际组织通过制定多样化的政策来平衡数据跨境流动的便利性与安全性。数据本地化要求和隐私保护标准主要从安全和隐私角度出发，对数据跨境流动进行限制和规范；而一些国家的内部政策和自由贸易协定中的相关条款更多地着眼于促进数据的自由流动、推动数字经济的发展。构建政策驱动矩阵模型可

以更清晰地分析和理解不同政策对数据跨境流动的影响，为政策制定和企业决策提供参考。

13.3 数据跨境流动面临的挑战与风险

13.3.1 数据跨境流动面临的挑战

（1）政策与法规差异

数据主权与管辖权冲突。各国对数据跨境流动的监管政策存在显著差异。一些国家强调数据主权，要求数据本地化存储，如中国和俄罗斯；而美国则通过"长臂管辖"政策，试图对全球数据流动进行干预[①]。这种差异导致数据跨境流动中的多重管辖权冲突，增加了企业的合规成本。

国际规则碎片化。目前国际上尚未形成统一的数据跨境流动规则，各国通过单边、双边法规或区域贸易协定形成多层次的规则体系。这种碎片化的规则体系使企业在数据跨境流动中面临复杂的法律环境，增加了合规风险。

（2）技术与安全挑战

数据泄露与滥用风险。数据在跨境流动过程中可能被窃取或泄露。网络攻击、黑客入侵以及未经授权的数据访问等行为可能导致数据滥用。

技术监管难度大。数据的虚拟性、流动性和跨境流动的复杂性，使监管机构难以有效监管和执法。云存储和互联网传输的普及进一步增加了数据跨境流动的风险。

（3）经济与社会挑战

数字鸿沟加剧。发达国家在数据跨境流动中占据优势，而发展中国家可能因技术、政策等被边缘化，加剧了全球数字经济的不平衡发展。

税收征管问题。数据跨境流动导致传统国际税收体系受到冲击，税收征管模式与手段滞后，难以适应数字经济的发展。例如，数字贸易中数据主体构成复杂，税收征管模式与手段滞后，面临跨境数据判定、跨境税收

---

① 王娜等：《跨境数据流动的现状、分析与展望》，《信息安全研究》2021年第6期。

治理等新挑战。

13.3.2 数据跨境流动面临的风险

（1）数据安全风险

数据泄露风险：数据在跨境流动过程中可能面临泄露风险。例如，2013 年美国零售巨头塔吉特公司发生大规模数据泄露事件，数百万名客户的信用卡信息被黑客窃取。这种风险不仅影响企业的声誉和经济利益，还可能引发法律问题。

数据滥用风险：跨境数据可能被境外主体未经授权使用，用于非法目的，如诈骗、恶意营销等。数据滥用可能导致数据主体的权益受损，甚至影响社会稳定。

网络攻击风险：在数据跨境流动过程中，数据存储和传输系统可能遭受网络攻击或黑客入侵，导致数据被篡改、删除或泄露。

（2）隐私保护风险

隐私保护法规存在差异。不同国家的隐私保护法规存在显著差异，企业可能因不熟悉当地法规而面临法律风险。例如，欧盟《通用数据保护条例》对数据跨境流动提出了严格要求，企业必须确保数据在跨境流动过程中符合隐私保护标准。

数据主体权益保护不足。数据跨境流动可能导致数据主体的权益无法得到充分保护，如数据主体可能难以控制自己的数据被如何使用，甚至无法获得数据被滥用的补偿。

（3）合规风险

法规冲突。企业在数据跨境流动中可能面临合规风险，导致成本增加。

监管不确定性。国际规则的碎片化和监管机构的执法差异，使企业在数据跨境流动中面临较大的监管不确定性。

13.4 数据跨境流动的治理逻辑

13.4.1 数据跨境流动的治理框架

在数据跨境流动治理领域，中国构建了一套以法律法规为基石、政策

指引为辅助、技术标准为支撑的综合性治理体系。通过颁布相关法律法规，保障数据在跨境流动过程中的安全性与合规性。数据跨境流动的治理框架如图 13-1 所示。

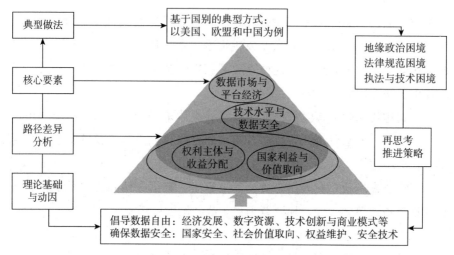

图 13-1　数据跨境流动的治理框架

资料来源：熊菲、肖玉贤：《跨境数据流动治理：框架、实践困境与启示》，《中国信息安全》2023 年第 10 期。

理论基础与动因：明确倡导数据自由，这与经济发展、数字资源、技术创新与商业模式等有关；同时强调确保数据安全，涉及国家安全、社会价值取向、权益维护、安全技术等，是治理的根基。

路径差异分析：指出权利主体与收益分配、国家利益与价值取向等方面存在差异，是治理需考量的关键因素。

核心要素：涵盖技术水平与数据安全、数据市场与平台经济，影响数据跨境流动的实际情况。

典型做法：以美国、欧盟和中国为例，展示基于国别的数据跨境流动治理典型方式。

困境与策略：提出地缘政治、法律规范、执法与技术等困境，基于此进行再思考并制定推进策略，完善治理框架。

13.4.2　数据跨境流动的治理路径

数据跨境流动治理是一个庞大而复杂的系统工程，需要从风险识别、政策法规制定、管理机制构建、技术保障以及国际合作与协调等层面协同发力①。在全球数字经济深度融合的大背景下，不断完善数据跨境流动的治理逻辑，有利于提升国家数字竞争力、保障公民合法权益、从容应对新的挑战，实现数据跨境流动的安全、有序与可持续发展，对维护全球数字经济秩序具有不可估量的现实意义。

（1）数据跨境流动的风险识别

数据跨境流动的风险识别主要包括法律与政策风险识别、技术风险识别和隐私与数据泄露风险识别三部分内容。

第一，法律与政策风险识别。识别目标国家或地区的数据跨境流动法规（如欧盟《通用数据保护条例》），明确数据分类标准（核心数据、重要数据、一般数据）。评估企业数据类型是否涉及敏感信息（如个人生物识别数据、地理位置信息），避免违反数据本地化要求导致合规风险。此外，还要分析不同国家数据主权立场差异（如美国"长臂管辖"、欧盟数据保护优先），警惕政策变化对业务连续性的影响。同时，关注国际协议与国内法规的兼容性，避免双重合规成本。

第二，技术风险识别。一方面，要进行网络安全威胁评估，识别数据传输路径中的漏洞，防范黑客攻击、数据篡改等风险。另一方面，要评估加密技术的适用性，确保传输与存储环节的安全性。

第三，隐私与数据泄露风险识别。首先，要建立数据分类分级机制，标记个人身份信息、财务数据等敏感内容，优先保护高风险数据，并通过数据流图（Data Flow Map）追踪敏感数据的跨境流动路径，识别泄露高发环节。其次，要进行隐私保护技术验证，评估匿名化、脱敏技术的有效性，确保处理后的数据无法关联到具体个人。最后，要检测第三方服务商（如云平台）的隐私保护措施是否符合国际标准。

（2）政策法规制定：奠定治理基础

①数据本地化要求。

许多国家出于对本国数据主权和安全的战略考量，纷纷提出数据本地化要求。例如，印度在数据本地化方面采取了严格措施，要求支付系统相

---

①　李海英、马民虎：《我国数据跨境流动的治理框架与实践方案》，《图书与情报》2022 年第 6 期。

关数据必须存储在印度境内，以确保对本国金融数据的掌控，降低数据被境外势力利用的风险。数据本地化要求虽然在一定程度上限制了数据的自由流动，但对于维护国家数据安全和主权具有重要意义。它有助于国家对关键数据进行监管和保护，防止数据被非法获取和利用，同时为相关产业的发展提供了数据支撑和安全保障。

②数据隐私保护法规。

欧盟《通用数据保护条例》堪称全球数据隐私保护法规的典范。它通过一系列严格的规定，对数据收集、存储和传输等全生命周期进行规范。在数据收集环节，要求企业必须明确告知用户收集数据的目的、方式和范围，并获得用户的明确同意；在数据存储环节，规定企业必须采取适当的安全措施保障数据的保密性、完整性和可用性；在数据传输环节，要求数据接收方必须具备与欧盟同等的数据保护水平，否则企业需要采取额外的保障措施，如签订标准合同等。该条例不仅强化了欧盟公民个人数据保护，也对全球数据隐私保护法规的发展产生了深远影响，促使其他国家和地区完善自身的数据隐私保护法规。

③数据跨境传输规范。

为了确保数据跨境传输的安全和合规，各国纷纷制定了相应的规范和标准。除了签订标准合同外，数据保护影响评估也是常见的要求之一。企业在进行数据跨境传输前，需要对传输行为可能对数据主体权益造成的影响进行全面评估，包括数据的敏感程度、接收方的数据保护能力等。评估结果将作为判断数据跨境传输是否可行的重要依据。此外，一些国家还建立了数据跨境传输白名单制度，简化了数据跨境传输的审批流程，提高了数据跨境传输的效率。

（3）管理机制构建：保障治理实施

①数据分类分级管理①。

根据数据的敏感程度和重要性对数据进行科学合理的分类分级是数据跨境流动管理的基础。涉及国家安全、关键基础设施等的数据通常被列为最高等级数据，实施最为严格的访问控制和传输限制。例如，美国将涉及

---

① 本部分资料来源：王娜等：《跨境数据流动的现状、分析与展望》，《信息安全研究》2021年第 6 期。

国家安全的数据划分为不同密级，对其存储、传输和使用制定了严格的安全标准，只有经过背景审查和授权的人员才能接触这些数据。对于一般的商业数据和个人非敏感信息，则可以采取相对宽松的管理措施，但仍须遵循基本的安全和合规要求。数据分类分级管理能够实现对不同类型数据的精准管理，在保障数据安全的同时提高数据利用效率。

②审批与备案制度。

建立完善数据跨境传输审批与备案制度是确保数据跨境流动合规的关键环节。企业在进行数据跨境传输前，需向相关部门提交详细的申请材料，包括数据类型、传输目的、接收方信息、保护措施等内容。审批部门将根据国家的政策法规和安全标准，对申请进行严格审查，评估数据跨境传输的风险和合法性。只有在审批通过后，企业才能进行数据跨境传输。同时，企业还需按要求进行备案，以便监管部门对数据跨境传输活动进行跟踪和监督。

③监督与审计机制。

定期对数据跨境流动进行监督与审计是保障治理效果的重要手段。监管部门可以通过技术手段和实地检查等方式，对企业的数据跨境流动情况进行实时监控，检查企业是否遵守相关政策法规和管理规定。审计机构则可以对企业的数据跨境流动管理流程、安全措施落实情况等进行全面审查，发现潜在的风险和问题，并提出整改建议。例如，一些国家的监管部门会定期对金融机构的数据跨境流动情况进行检查，核实金融机构是否按照规定进行数据分类分级管理、是否采取了有效的加密措施等。

（4）技术保障：提升治理能力

①加密技术。

采用先进的加密技术对跨境流动的数据进行加密是保障数据安全的关键。目前，广泛应用的加密技术能够将原始数据转化为密文，即使数据在跨境流动过程中被截获，未经授权的第三方也无法读取数据。同时，随着量子计算技术的发展，传统加密算法面临被破解的风险，因此各国和企业都在积极研发抗量子计算攻击的新型加密技术，以确保数据拥有更安全的跨境流动环境。

②访问控制技术。

设置访问权限，确保只有经过授权的人员才能访问特定的数据是防止

数据被非法访问和滥用的重要措施。多因素认证要求用户在登录时提供多种身份验证信息,如密码、指纹、短信验证码等,大大提高了身份验证的准确性和安全性。角色权限管理则根据用户在企业中的角色和职责,分配相应的数据访问权限。例如,在一家跨国企业中,财务人员只能访问与财务相关的数据,研发人员只能访问研发项目数据,从而有效防止数据的越权访问和泄露。

③数据备份与恢复。

建立完善数据备份与恢复机制是保障数据可用性的关键。企业应定期对重要数据进行备份,并将备份数据存储在安全的位置,如异地数据中心或云端存储平台。在数据丢失、损坏或被篡改时,能够及时利用备份数据进行恢复,保障业务的连续性。例如,一些大型互联网企业将数据同时备份到多个地理位置不同的数据中心,确保在任何一个数据中心出现故障时,都能迅速从其他备份中心恢复数据,避免业务中断给企业和用户带来损失。

(5)国际合作与协调:应对全球挑战

①签订双边/多边协议。

各国通过签订双边/多边数据跨境流动协议,有效协调彼此的政策法规,建立互信机制。美国与欧盟签订的"隐私盾"协议为美国企业从欧盟接收个人数据提供了法律框架,要求美国企业遵守一系列隐私保护原则,包括数据收集的限制、数据主体的权利保障等。此外,一些地区性组织也在积极推动区域内数据跨境流动协议的签订,如东盟国家正在探索制定统一的数据跨境流动规则,以促进区域内数字经济的协同发展。

②参与国际规则制定。

积极参与国际规则的制定是各国在全球数据跨境流动治理中发挥影响力的重要途径。在尊重主权平等的基础上,各国应共同探讨制定符合各方利益的数据跨境流动国际规则。例如,在联合国等国际组织框架下,各国可以就数据跨境流动的基本原则、安全标准、隐私保护等问题进行深入讨论和协商,形成具有广泛共识的国际规则。中国也在积极参与国际数据治理规则的制定,提出了"数据主权平等""数据安全有序流动"等理念,为构建公正合理的国际数据治理秩序贡献了中国智慧和力量。

③信息共享与联合执法。

加强国际数据安全信息共享,及时发现和应对数据跨境流动安全威胁。各国的数据安全监管机构可以建立信息共享平台，分享数据安全事件、威胁情报等信息，共同分析和研判数据跨境流动安全形势。同时，建立联合执法机制对于打击跨国数据犯罪行为至关重要。当发生跨国数据泄露事件时，相关国家的执法部门可以协同开展调查，追踪数据泄露源头，追究相关责任方的法律责任，维护全球数据安全秩序。

拓展阅读

主要国家和地区数据跨境流动制度规则

目前，全球主要数据跨境流动规则中，美国以"长臂管辖"、选择性执法的方式加强数据跨境监管，欧盟关注个人隐私保护以规制数据跨境流动，新兴经济体国家主要通过加强对数据的主权控制平衡数据跨境流动和数据安全管理。

美国数据跨境自由流动的政策逐渐限缩

美国为确保其信息通信产业和数字经济领域的全球领先优势，在主张数据跨境自由流动的同时，通过"长臂管辖"规则获取国外数据，通过出口管制、外资审查等制度对数据出境设置了诸多限制。美国不断出台数据跨境监管政策，其数据跨境主张发生持续变化，以此构筑数字经济"小院高墙"。

一是通过"长臂管辖"规则实现跨境调取数据的合法化。2018年，美国议会通过《澄清境外数据的合法使用法案》（CLOUD法案），扩大了美国执法机关调取海外数据的权力。但其他国家调取存储在美国的数据则必须通过美国"适格外国政府"的审查，符合美国设定的人权、法治和数据自由流动标准。

二是将数据与物项、技术相结合以限制敏感物项、先进技术相关数据出境。美国《出口管理条例》规定向外国人转让、披露受管制技术及相关技术数据的行为"视同出口"，且即便数据不出境，只要该物项已由美国境内的非美国人获取，也视同出境。美国依据《出口管理条例》形成"受管控非密数据列表"，涉及国家经济、政府管理、敏感技术等数据，并严控出境。

三是通过外资审查机制严格限制特定领域的外国投资及数据出境。《外国投资风险审查现代化法案》强化了对涉及美国关键基础设施、技术和数据等领域的外国投资的审查力度，如美国的外资安全审查机制要求涉及美国的通信基础设施应位于美国境内，国外网络运营商涉及美国用户的通信数据、交易数据、个人数据等应仅存储在美国境内，并且将外资涉及美国公民敏感个人信息纳入审查范围。

四是逐步制定专门针对数据出境管理规则的限缩性政策。2024 年 3 月，美国众议院通过《保护美国人数据免受外国对手侵害法案》。该法案禁止数据经纪人将美国人的敏感个人数据提供给外国敌对国家或受其控制的实体。此外，美国还通过发布行政命令要求外国在美企业剥离业务等手段来限制数据出境。

欧盟向全球输出数据保护规则与监管模式

欧盟对内积极消除境内数据自由流动障碍，制定实施《数字化单一市场战略》，通过《通用数据保护条例》（以下简称"GDPR"）、《非个人数据在欧盟境内自由流动框架条例》消除成员国数据保护规则的差异性，促进个人数据在欧盟内自由流动。对外采取"充分性认定"、签订标准合同等方式，通过 GDPR 建立严格的数据保护机制，强化域外管理。

一是以"充分性认定"为核心构建数据跨境流动圈。GDPR 允许欧盟境内个人数据传输到欧盟委员会认为提供"充分"的个人数据保护的国家和地区，"充分性认定"主要考虑第三国或特定实体的个人数据保护规则及司法救济等法律制度情况、数据保护监管机构、已签约数据保护相关的国际协定等因素。

二是为企业提供多样化的数据跨境流动方式。GDPR 为企业提供了满足适当保障措施条件下的转移机制，包括具有法律约束力和执行力的文件、约束性公司规则（BCRs），以及通过审批的个人数据保护标准合同条款（SCC）、行为准则、认证机制等。相关数据跨境流动机制兼顾欧盟内部产业发展、中小型企业发展空间，维护数据市场发展秩序。

三是进一步强化调取境外犯罪数据的执法能力。2018 年 4 月，欧盟委员会推出了《电子证据跨境调取提案》。欧盟将不再以数据存储位置作为确定管辖权的决定因素，相关数据只要为刑事诉讼所需、与服务提供商在欧盟境内提供的服务有关，欧盟成员国的执法或司法机构就可直接要求为欧盟境内提供服务的服务提供商提交相关数据。

新兴经济体国家持续开展数据跨境流动制度体系建设

新兴经济体国家基于自身数字经济建设、信息技术发展等情况，构建了不同模式的数据跨境流动制度体系，以期合理规范数据跨境流动，服务数字产业发展。

一是中国积极探索兼顾发展和安全的数据跨境流动便利机制。中国加快立法，构建个人信息和重要数据的出境管理框架，《促进和规范数据跨境流动规定》进一步明确数据跨境流动的范围、条件和程序，保障数据安全，保护个人信息权益，促进数据依法有序自由流动。支持北京、上海、海南、粤港澳大湾区等开展数据跨境流动创新机制探索，为中国开展数字贸易、规范数据跨境流动提供参考，也为其他发展中国家开展数据跨境安全管理提供借鉴。

二是俄罗斯明确数据本地化制度以实现数据回流。俄罗斯在数据跨境流动上的态度十分保守，出台数据本地化存储、数据出境严格限制等政策，主要由于俄罗斯长期以来遭受的网络攻击及其引发的对本国安全的担忧，特别是"棱镜门"事件后，俄罗斯加快数据跨境流动相关立法工作。例如，2015 年生效的《关于更新信息电信网络中个人数据处理程序的修正案》明确了数据本地化存储规则，俄罗斯依据此法案修订了《个人数据法》，要求收集和处理俄罗斯公民个人数据的所有运营者使用位于俄罗斯境内的数据中心。

三是其他国家和地区结合政治、经济、文化等情况，制定属地的数据跨境流动政策。例如，新加坡、巴西、南非、土耳其等国家借鉴欧盟 GD-PR 以及数据跨境流动制度，完善本国数据跨境流动规则；日本在 2019 年G20 大阪峰会上提出"基于信任的数据跨境流动"，主动对接美国、欧盟数据跨境流动政策，呼吁美国、欧盟、日本三方携手推动治理规则构建；韩国、澳大利亚、印度等国家规定银行、金融、征信等重要行业领域数据禁止出境；越南出台《网络安全法》，明确要求属于越南用户和由越南用户创建的数据必须存储在越南本地。

（资料来源：郝志强：《主要国家和地区数据跨境流动制度规则》，
《中国网信》2024 年第 5 期）

本章思考题

1. 数据跨境流动的范围有哪些?

2. 数据跨境流动包括哪些经济驱动因素?

3. 数据跨境流动面临的主要风险有哪些?

参考文献

一 中文文献

(一) 著作

中国电子信息行业联合会编著《〈数据管理能力成熟度评估模型〉实施指南》，电子工业出版社，2023。

郑霞、张晖编著《文化遗产数据统计与分析》，文物出版社，2022。

杭州市数据管理局等编著《数据资源管理》，浙江大学出版社，2020。

〔美〕迈克尔·波特：《竞争优势》，陈丽芳译，中信出版社，2014。

〔美〕DAMA 国际：《DAMA 数据管理知识体系指南》（原书第2版），DAMA 中国分会翻译组译，机械工业出版社，2020。

祝守宇等：《数据治理：工业企业数字化转型之道》，电子工业出版社，2020。

〔英〕威廉·配第：《赋税论 献给英明人士货币略论》，陈冬野等译，商务印书馆，1978。

〔法〕萨伊：《政治经济学概论》，陈福生、陈振骅译，商务印书馆，2020。

〔英〕阿尔弗雷德·马歇尔、玛丽·佩利·马歇尔：《产业经济学》，肖卫东译，商务印书馆，2019。

裴成发：《信息资源管理》，科学出版社，2008。

余肖生、陈鹏、姜艳静编著《大数据处理：从采集到可视化》，武汉大学出版社，2020。

张莉主编、中国电子信息产业发展研究院编著《数据治理与数据安全》，人民邮电出版社，2019。

王朝霞主编《数据挖掘》（第2版），电子工业出版社，2023。

葛继科、张晓琴、陈祖琴编著《大数据采集、预处理与可视化》（微课版），

人民邮电出版社，2023。

李诗羽、张飞、王正林编著《数据分析：R 语言实战》，电子工业出版社，
2014。

〔美〕劳拉·塞巴斯蒂安-科尔曼：《穿越数据的迷宫：数据管理执行指南》，
汪广盛等译，机械工业出版社，2020。

蔡莉、朱扬勇编著《大数据质量》，上海科学技术出版社，2017。

梅宏主编《数据治理之法》，中国人民大学出版社，2022。

〔美〕斯蒂芬·P·罗宾斯、玛丽·库尔特：《管理学》（第七版），孙健敏
等译，中国人民大学出版社，2004。

金太军主编《行政学原理》，中国人民大学出版社，2012。

（二）论文

孟小峰、刘立新：《区块链与数据治理》，《中国科学基金》2020 年第 1 期。

包冬梅、范颖捷、李鸣：《高校图书馆数据治理及其框架》，《图书情报工作》
2015 年第 18 期。

任亚忠：《从数据管理走向数据治理——大数据环境下图书馆职能的转
变》，《四川图书馆学报》2017 年第 4 期。

杨琳等：《大数据环境下的数据治理框架研究及应用》，《计算机应用与软件》
2017 年第 4 期。

蔡跃洲、马文君：《数据要素对高质量发展影响与数据流动制约》，《数量
经济技术经济研究》2021 年第 3 期。

洪雁、何晓林：《基于帕累托最优的公平性探讨》，《科技创业月刊》2006
年第 11 期。

赵生辉：《政府信息资源配置的三维理论模型》，第六届信息化与信息资源
管理学术研讨会，武汉，2009。

张蒂：《非熟练用户对于两种资源发现系统的体验分析——基于焦点小组
的调研》，《图书馆工作与研究》2014 年第 1 期。

许暖、郑瑞刚、蔡宇进：《应用程序编程接口安全管理技术探究》，《网络
空间安全》2023 年第 4 期。

向上：《信息系统中的数据质量评价方法研究》，《现代情报》2007 年第
3 期。

徐辉、龚逸:《企业数据合规:企业数据安全治理之维》,《科技创业月刊》2024 年第 7 期。

贝兆健:《文化治理体系构建的上海实践及思考》,《上海文化》2014 年第 8 期。

郑建明:《大数据环境下的数字文化治理路径创新与思考》,《晋图学刊》2016 年第 6 期。

刘燕华:《组织文化理论探析》,《西北民族学院学报》(哲学社会科学版)2000 年第 2 期。

钱锦琳:《高校科研数据治理模型构建研究》,硕士学位论文,江苏大学,2019。

张振波:《论协同治理的生成逻辑与建构路径》,《中国行政管理》2015 年第 1 期。

范如国:《复杂网络结构范型下的社会治理协同创新》,《中国社会科学》2014 年第 4 期。

高微征、杨小磊:《传统文化对当代大学生的渗透性影响》,《系统科学学报》2016 年第 3 期。

郑建明、王锰:《数字文化治理的内涵、特征与功能》,《图书馆论坛》2015 年第 10 期。

何芸:《在大数据时代坚守文化生产的终极价值》,《生产力研究》2016 年第 8 期。

李东来、冯玲:《区域图书馆整体协同发展的实现路径研究》,《图书与情报》2009 年第 6 期。

赵宇翔、范哲、朱庆华:《用户生成内容(UGC)概念解析及研究进展》,《中国图书馆学报》2012 年第 5 期。

柯平:《图书馆管理文化三论》,《图书情报知识》2005 年第 5 期。

赵纯:《互联网文化数据情报信息的收集与使用》,《科技展望》2016 年第 31 期。

陈季冰:《网络上那些个人数据该归谁所有》,《现代青年:细节》2019 年第 7 期。

陈德权、林海波:《论政府数据治理中政府数据文化的培育》,《社会科学》2020 年第 3 期。

陈兰杰、刘思耘：《数据要素价值实现机制：基本逻辑、影响因素和实现路径》，《西华大学学报》（哲学社会科学版）2025 年第 1 期。

李华晨：《企业数据安全管理：实现路径、构成要素和基本要求》，《中国科技论坛》2024 年第 12 期。

王翔、郑磊：《"公共的"数据治理：公共数据治理的范围、目标与内容框架》，《电子政务》2024 年第 1 期。

马颜昕：《公共数据授权运营的类型构建与制度展开》，《中外法学》2023 年第 2 期。

刘阳阳：《公共数据授权运营：生成逻辑、实践图景与规范路径》，《电子政务》2022 年第 10 期。

龚芳颖等：《公共数据授权运营的功能定位与实现机制——基于福建省案例的研究》，《电子政务》2023 年第 11 期。

刘练军：《个人信息与个人数据辨析》，《求索》2022 年第 5 期。

逯达：《个人数据信托的法理阐释、生成逻辑及制度建构研究》，《征信》2025 年第 1 期。

张矿伟、王桂梅、俞立平：《数据要素、市场一体化与高技术产业创新》，《系统工程理论与实践》2025 年 1 月 7 日。

杨云龙、张亮、杨旭蕾：《可信数据空间助力数据要素高效流通》，《邮电设计技术》2024 年第 2 期。

张茉楠：《数字主权背景下的全球跨境数据流动动向与对策》，《中国经贸导刊》2020 年第 18 期。

王娜等：《跨境数据流动的现状、分析与展望》，《信息安全研究》2021 年第 6 期。

陈学彬、龙磊：《地缘政治风险与中国短期跨境资本流动：理论机制与实证分析》，《国际金融研究》2024 年第 3 期。

熊菲、肖玉贤：《跨境数据流动治理：框架、实践困境与启示》，《中国信息安全》2023 年第 10 期。

李海英、马民虎：《我国数据跨境流动的治理框架与实践方案》，《图书与情报》2022 年第 6 期。

李勇坚：《数据要素的经济学含义及相关政策建议》，《江西社会科学》2022 年第 3 期。

纪海龙:《数据的私法定位与保护》,《法学研究》2018年第6期。

于立、王建林:《生产要素理论新论——兼论数据要素的共性和特性》,《经济与管理研究》2020年第4期。

二 外文文献

B. Otto, *A Morphology of the Organisation of Data Governance*, European Conference on Information Systems, 2011.

C. Jones, C. Tonetti, "Nonrivalry and the Economics of Data," *American Economic Review* 9 (2020).

D. M. Strong, Y. W. Lee, R. Y. Wang, "Data Quality in Context," *Communications of the ACM* 5 (1997).

M. Farboodi, L. Veldkamp, *A Growth Model of the Data Economy* (Columbia Business School, New York, 2019).

R. Walker, *From Big Data to Big Profits: Success with Data and Analytics*, OUP Catalogue, 2015.

R. Y. Wang, D. M. Strong, "Beyond Accuracy: What Data Quality Means to Data Consumers," *Journal of Management Information Systems* 4 (1996).

图书在版编目（CIP）数据

数据管理导论 / 陈兰杰等编著 . -- 北京：社会科
学文献出版社，2025.6. --ISBN 978-7-5228-5518-9

Ⅰ. TP274

中国国家版本馆 CIP 数据核字第 2025E0U421 号

数据管理导论

编　　著 / 陈兰杰　侯鹏娟　王　洁 等

出 版 人 / 冀祥德
责任编辑 / 赵晶华
文稿编辑 / 王雅琪
责任印制 / 岳　阳

出　　版 / 社会科学文献出版社 · 文化传媒分社（010）59367156
　　　　　　地址：北京市北三环中路甲 29 号院华龙大厦　邮编：100029
　　　　　　网址：www.ssap.com.cn
发　　行 / 社会科学文献出版社（010）59367028
印　　装 / 三河市龙林印务有限公司

规　　格 / 开　本：787mm×1092mm　1/16
　　　　　　印　张：17　字　数：274 千字
版　　次 / 2025 年 6 月第 1 版　2025 年 6 月第 1 次印刷
书　　号 / ISBN 978-7-5228-5518-9
定　　价 / 128.00 元

读者服务电话：4008918866